石油企业岗位练兵手册

消防战斗员

大庆油田有限责任公司　编

石油工业出版社

内容提要

本书采用问答形式，对消防战斗员岗位的相关问题和知识进行了介绍与解答。主要内容分为基本素养、基础知识、基本技能三部分。基本素养包括企业文化、发展纲要和职业道德等内容；基础知识包括与消防战斗员岗位密切相关的专业知识和HSE知识等内容；基本技能包括操作技能与常见故障判断处理等内容。本书适合消防战斗员阅读使用。

图书在版编目（CIP）数据

消防战斗员 / 大庆油田有限责任公司编 .—北京：石油工业出版社，2023.9

（石油企业岗位练兵手册）

ISBN 978-7-5183-6291-2

Ⅰ .①消… Ⅱ .①大… Ⅲ .①消防 - 技术手册 Ⅳ .①TU998.1-62

中国国家版本馆CIP数据核字（2023）第169244号

出版发行：石油工业出版社

（北京市朝阳区安华里2区1号楼 100011）

网 址：www.petropub.com

编辑部：（010）64255590

图书营销中心：（010）64523633

经 销：全国新华书店

印 刷：北京中石油彩色印刷有限责任公司

2023年9月第1版 2023年9月第1次印刷

880×1230毫米 开本：1/32 印张：5.125

字数：127千字

定价：52.00元

（如出现印装质量问题，我社图书营销中心负责调换）

《消防战斗员》编委会

《消防战斗员》编审组

岗位练兵是大庆油田的优良传统，是强化基本功训练、提升员工素质的重要手段。新时期、新形势下，按照全面加强“三基”工作的有关要求，为进一步强化和规范经常性岗位练兵活动，切实提高基层员工队伍的基本素质，按照“实际、实用、实效”的原则，大庆油田有限责任公司人事部组织编写、修订了基层员工《石油企业岗位练兵手册》丛书。围绕提升政治素养和业务技能的要求，本套丛书架构分为基本素养、基础知识、基本技能三部分，基本素养包括企业文化（大庆精神铁人精神、优良传统）、发展纲要和职业道德等内容；基础知识包括与工种岗位密切相关的专业知识和HSE知识等内容；基本技能包括操作技能和常见故障判断处理等内容。本套丛书的编写，严格依据最新行业规范和技术标准，同时充分结合目前专业知识更新、生产设备调整、操作工艺优化等实际情况，具有突出的实用性和规范性的特点，既能作为基层开展岗位练兵、提高业务技能的实用教材，也可以作为员工岗位自学、单位开展技能竞赛的参考资料。

希望各单位积极应用，充分发挥本套丛书的基础性作用，持续、深入地抓好基层全员培训工作，不断提升员工队伍整体素质，为实现公司科学发展提供人力资源保障。同时，希望各单位结合本套丛书的应用实践，对丛书的修改完善提出宝贵意见，以便更好地规范和丰富丛书内容，为基层扎实有效地开展岗位练兵活动提供有力支撑。

大庆油田有限责任公司人事部

2023 年 4 月 28 日

第一部分　基本素养

一、企业文化 ………………………………………… 001

（一）名词解释 ………………………………………… 001

1. 石油精神 ………………………………………… 001

2. 大庆精神 ………………………………………… 001

3. 铁人精神 ………………………………………… 001

4. 三超精神 ………………………………………… 002

5. 艰苦创业的六个传家宝 ………………………………………… 002

6. 三要十不 ………………………………………… 002

7. 三老四严 ………………………………………… 002

8. 四个一样 ………………………………………… 002

9. 思想政治工作“两手抓” ………………………………………… 003

10. 岗位责任制管理 ………………………………………… 003

11. 三基工作 ………………………………………… 003

12. 四懂三会……………………………………………003
13. 五条要求……………………………………………004
14. 会战时期“五面红旗”……………………………004
15. 新时期铁人…………………………………………004
16. 大庆新铁人…………………………………………004
17. 新时代履行岗位责任、弘扬严实作风“四条要求”……………………………………………004
18. 新时代履行岗位责任、弘扬严实作风“五项措施”……………………………………………004
（二）问答………………………………………………004
1. 简述大庆油田名称的由来。…………………………004
2. 中共中央何时批准大庆石油会战？…………………004
3. 什么是“两论”起家？………………………………005
4. 什么是“两分法”前进？……………………………005
5. 简述会战时期“五面红旗”及其具体事迹。………005
6. 大庆油田投产的第一口油井和试注成功的第一口水井各是什么？………………………………………006
7. 大庆石油会战时期讲的“三股气”是指什么？……006
8. 什么是“九热一冷”工作法？………………………006
9. 什么是“三一”“四到”“五报”交接班法？……006
10. 大庆油田原油年产 5000 万吨以上持续稳产的时间是哪年？……………………………………………006
11. 大庆油田原油年产 4000 万吨以上持续稳产的时间是哪年？……………………………………………007

12. 中国石油天然气集团有限公司企业精神是
什么？ …… 007
13. 中国石油天然气集团有限公司的主营业务是
什么？ …… 007
14. 中国石油天然气集团有限公司的企业愿景和价值
追求分别是什么？ …… 007
15. 中国石油天然气集团有限公司的人才发展理念
是什么？ …… 007
16. 中国石油天然气集团有限公司的质量安全环保理念
是什么？ …… 007
17. 中国石油天然气集团有限公司的依法合规理念是
什么？ …… 008

二、发展纲要 …… 008

（一）名词解释 …… 008
1. 三个构建 …… 008
2. 一个加快 …… 008
3. 抓好“三件大事” …… 008
4. 谱写“四个新篇” …… 008
5. 统筹“五大业务” …… 008
6.“十四五”发展目标 …… 008
7. 高质量发展重要保障 …… 008
（二）问答 …… 009
1. 习近平总书记致大庆油田发现 60 周年贺信的内容
是什么？ …… 009

2. 当好标杆旗帜、建设百年油田的含义是什么？……009
3. 大庆油田 60 多年的开发建设取得的辉煌历史有哪些？……010
4. 开启建设百年油田新征程两个阶段的总体规划是什么？……010
5. 大庆油田“十四五”发展总体思路是什么？……010
6. 大庆油田“十四五”发展基本原则是什么？……011
7. 中国共产党第二十次全国代表大会会议主题是什么？……011
8. 在中国共产党第二十次全国代表大会上的报告中，中国共产党的中心任务是什么？……011
9. 在中国共产党第二十次全国代表大会上的报告中，中国式现代化的含义是什么？……011
10. 在中国共产党第二十次全国代表大会上的报告中，两步走是什么？……012
11. 在中国共产党第二十次全国代表大会上的报告中，“三个务必”是什么？……012
12. 在中国共产党第二十次全国代表大会上的报告中，牢牢把握的“五个重大原则”是什么？……012
13. 在中国共产党第二十次全国代表大会上的报告中，十年来，对党和人民事业具有重大现实意义和深远意义的三件大事是什么？……012
14. 在中国共产党第二十次全国代表大会上的报告中，坚持“五个必由之路”的内容是什么？……012

三、职业道德 …………………………………………… 013
（一）名词解释 ……………………………………… 013
1. 道德 ……………………………………………… 013
2. 职业道德 ………………………………………… 013
3. 爱岗敬业 ………………………………………… 013
4. 诚实守信 ………………………………………… 013
5. 劳动纪律 ………………………………………… 013
6. 团结互助 ………………………………………… 013
（二）问答 …………………………………………… 014
1. 社会主义精神文明建设的根本任务是什么？ ……… 014
2. 我国社会主义道德建设的基本要求是什么？ ……… 014
3. 为什么要遵守职业道德？ ………………………… 014
4. 爱岗敬业的基本要求是什么？ …………………… 014
5. 诚实守信的基本要求是什么？ …………………… 014
6. 职业纪律的重要性是什么？ ……………………… 015
7. 合作的重要性是什么？ …………………………… 015
8. 奉献的重要性是什么？ …………………………… 015
9. 奉献的基本要求是什么？ ………………………… 015
10. 企业员工应具备的职业素养是什么？ …………… 015
11. 培养“四有”职工队伍的主要内容是什么？ …… 015
12. 如何做到团结互助？ …………………………… 015
13. 职业道德行为养成的途径和方法是什么？ ……… 016
14. 员工违规行为处理工作应当坚持的原则是什么？ … 016
15. 对员工的奖励包括哪几种？ …………………… 016

16. 员工违规行为处理的方式包括哪几种？………… 016
17.《中国石油天然气集团公司反违章禁令》有哪些规定？…………………………………………… 016

第二部分　基础知识

一、专业知识 ………………………………………… 018
（一）名词解释 ………………………………………… 018
1. 灭火器 ………………………………………… 018
2. 水（泡沫）枪 ………………………………… 018
3. 水（泡沫）炮 ………………………………… 018
4. 泡沫钩管 ……………………………………… 018
5. 助燃剂 ………………………………………… 018
6. 灭火剂 ………………………………………… 018
7. 泡沫灭火剂 …………………………………… 018
8. 易燃固体 ……………………………………… 019
9. 液化石油气 …………………………………… 019
10. 化学危险物品 ………………………………… 019
11. 强风 ………………………………………… 019
12. 地下商场 …………………………………… 019
13. 高层建筑 …………………………………… 019
14. 炼油厂 ……………………………………… 019
15. 有毒区域 …………………………………… 019
16. 火情侦察 …………………………………… 019

17. 火场救人 …… 019
18. 疏散与保护物资 …… 019
19. 火场破拆 …… 020
20. 火场供水 …… 020
21. 战斗准备 …… 020
22. 战斗展开 …… 020
23. 战斗经过 …… 020
24. 战备等级 …… 020
25. 战备值班 …… 020
26. 灭火战斗行动 …… 020
27. 灭火作战计划 …… 020
28. 灭火技术 …… 020
29. 灭火战术 …… 021
30. 实地演练 …… 021
31. 战术演习 …… 021
32. 模拟实战训练 …… 021
33. 训练规定 …… 021
34. 技术训练 …… 021
35. 主攻方向 …… 021
36. 消防重点保卫单位 …… 021
37. 生产工艺流程 …… 021
38. 消防战斗员 …… 021
39. 身体素质 …… 021
40. 安全制度 …… 021
41. 作战目的 …… 022
42. 水渍损失 …… 022
43. 训练塔 …… 022

44. 消防泵……022
45. 水带……022
46. 消防头盔……022
47. 消防战斗服……022
48. 消防手套和消防靴……022
49. 空气呼吸器……022
50. 隔热防护服……022
51. 挂钩梯……022
52. 二节拉梯……023
53. 分水器……023
54. 集水器……023
55. 救生绳……023
56. 机动链锯……023
57. 液压破拆工具……023
（二）问答……023
1. 中国石油天然气集团有限公司对综合性消防应急队伍的功能定位是什么？……023
2. 大庆油田消防支队的发展目标是什么？……023
3. 消防战斗员岗位安全职责是什么？……023
4. 消防战斗员执勤职责是什么？……024
5. 消防战斗员的火场职责是什么？……024
6. 实行火场警戒的条件是什么？……024
7. 划分火场警戒区的方法有哪些？……025
8. 防火间距确定的三个基本原则是什么？……025
9. 消防车供水的基本要求是什么？……025
10. 消防车按底盘承载能力分为哪几类？……025
11. 消防车按功能用途分为哪几类？……025

12. 火场破拆的方法有哪些？…………………………… 025
13. 火场需要破拆时应注意哪些事项？ ……………… 025
14. 锯切法使用的器具有哪些？…………………………… 025
15. 消防斧分为哪几类？………………………………… 026
16. 消防斧的适用范围有哪些？………………………… 026
17. 铁铤分为哪几类？…………………………………… 026
18. 铁铤的适用范围有哪些？…………………………… 026
19. 通用型无齿锯的技术参数有哪些？ ……………… 026
20. 操作无齿锯时应注意哪些事项？ ………………… 026
21. 机动链锯有哪些技术参数？………………………… 026
22. 操作机动链锯时应注意哪些事项？……………… 026
23. 垂直更换水带的操作步骤是什么？ ……………… 027
24. 垂直更换水带的注意事项有哪些？ ……………… 027
25. 水喷雾灭火系统的适用范围有哪些？ …………… 027
26. 水喷雾灭火系统设置场所不能有哪些物质和
设备？………………………………………………… 027
27. 水雾喷头如何分类？其用途是什么？ …………… 027
28. 根据保护对象的不同，水雾喷头应如何选择？ …… 027
29. 细水雾灭火系统分别有哪几种类型？ …………… 028
30. 细水雾灭火系统有哪些优点？ …………………… 028
31. 蒸汽灭火系统的维护保养应注意哪些问题？ ……… 028
32. 蒸汽灭火系统如何使用？…………………………… 028
33. 火情侦察的方法有哪些？…………………………… 028
34. 在火场上进行火情侦察主要查明哪些情况？ ……… 029
35. 火情侦察的基本要求有哪些？ …………………… 029
36. 危险化学品事故现场侦检警戒时应注意哪些
事项？………………………………………………… 029

37. 缺水情况下火灾的扑救方法是什么？ ……………… 030
38. 消防用水的来源有几种形式？ ……………………… 030
39. 火场上减少水渍的方法有哪些？ …………………… 030
40. 灭火战斗展开分为几种形式？ ……………………… 030
41. 防烟的基本原则是什么？……………………………… 031
42. 消防无线通信网有哪三种形式？ …………………… 031
43. 扑救夜间火灾应注意哪些问题？ …………………… 031
44. 扑强风情况下火灾的战术要点有哪五条？ ………… 031
45. 扑救寒冷季节火灾的基本要求是什么？ …………… 031
46. 有毒区域火灾扑救有哪些特点？ …………………… 031
47. 扑救有毒区域火灾的战术要点是什么？ …………… 032
48. 楼层火灾的特点是什么？……………………………… 032
49. 扑救楼层火灾的战斗措施有哪些？ ………………… 032
50. 扑救楼层火灾的注意事项是什么？ ………………… 032
51. 建筑物怎样分类？……………………………………… 032
52. 高层建筑有哪些基本特点？…………………………… 033
53. 高层建筑防、排烟有哪几种方式？ ………………… 033
54. 高层建筑火灾特点有哪些？…………………………… 033
55. 高层建筑火灾扑救的原则是什么？ ………………… 033
56. 高层建筑火灾扑救的战术是什么？ ………………… 033
57. 扑救高层建筑火灾的战斗措施是什么？ …………… 033
58. 扑救地下建筑火灾的基本措施是什么？ …………… 034
59. 地下建筑人员为何无法逃避高温浓烟的危害？ …… 034
60. 地下建筑火灾扑救的注意事项有哪些？ …………… 034
61. 扑救影剧院火灾的安全注意事项是什么？ ………… 034
62. 影剧院火灾的特点是什么？…………………………… 035
63. 医院火灾的特点是什么？ …………………………… 035

64. 扑救医院火灾的战斗措施有哪些？ ………………… 035
65. 扑救商场（店）火灾的战术要点是什么？ ………… 035
66. 粮食加工厂的火灾有哪些特点？ ……………………… 035
67. 扑救粮食加工厂火灾应注意哪些问题？ …………… 035
68. 汽车库火灾有哪些特点？………………………………… 036
69. 扑救汽车和汽车库火灾应注意哪些问题？ ………… 036
70. 闷顶火灾的特点是什么？………………………………… 036
71. 闷顶火灾的注意事项有哪些？ ………………………… 036
72. 火力发电厂的火灾特点有哪些？ ……………………… 036
73. 扑救发电厂火灾的基本战斗措施是什么？ ………… 036
74. 仓库火灾的特点是什么？………………………………… 037
75. 仓库火灾的扑救要求和注意事项有哪些？ ………… 037
76. 液化石油气钢瓶火灾的火情侦察要检查什么？ …… 037
77. 扑救液化石油气火灾应注意哪些事项？ …………… 037
78. 化学危险品仓库火灾有哪些特点？ ………………… 038
79. 爆炸物品仓库火灾的特点有哪些？ ………………… 038
80. 炼油厂火灾的特点有哪些？…………………………… 038
81. 炼油厂火灾的扑救措施是什么？ …………………… 038
82. 扑救炼油厂火灾时应注意哪些事项？ ……………… 039
83. 油罐火灾有哪些特点？………………………………… 039
84. 扑救油罐火灾的基本要求是什么？ ………………… 039
85. 井喷火灾的特点有哪些？……………………………… 039
86. 井喷火灾的扑救对策是什么？ ………………………… 039
87. 易燃建筑密集区有哪些特点？ ……………………… 040
88. 易燃建筑区火灾的特点是什么？ …………………… 040
89. 扑救易燃建筑密集区火灾的战斗措施是什么？ …… 040
90. 消防水源调查的主要内容和方法有哪些？ ………… 040

91. 火场排烟的方法有哪些？ …………………………… 041
92. 火场排烟的注意事项有哪些？ ……………………… 041
93. 燃烧类爆炸火灾的燃烧特征及基本处置方法有哪些？ …………………………………… 041
94. 化学火灾事故现场处置程序有哪些？ ………… 041
95. 化学火灾事故具有哪些特点？ ……………… 041
96. 化学火灾事故处置的基本任务有哪些？ ……… 041
97. 可采取哪些具体技术措施控制火灾险情发展？ …· 041
98. 现场危险区域群众的安全疏散程序有哪些？ …… 042
99. 有毒火灾的特点有哪些？ ………………………… 042
100. 中毒会对人体哪些部位造成危害？ ………… 042
101. 神经系统中毒会给中毒者带来哪些症状？ ……… 042
102. 化学毒物如何分类？ ……………………………… 042
103. 按泄漏介质的状态分类，有哪些泄漏？ ………… 042
104. 按泄漏的机理分类，物质泄漏有哪些？ ………… 042
105. 可燃物泄漏的控制措施有哪些？ ……………… 042
106. 泄漏类火灾与爆炸事故的原因有哪些？ ……… 043
107. 泄漏类火灾与爆炸事故的防火防爆措施有哪些？ …· 043
108. 液氯的特点有哪些？ ………………………… 043
109. 液氯泄漏事故的特点有哪些？ ………………… 043
110. 苯的特征有哪些？ ……………………………… 043
111. 苯泄漏事故的特点有哪些？ ………………… 043
112. 液化石油气泄漏有哪些特点？ ……………… 044
113. 液化石油气对人员有哪些危害？ ……………… 044
114. 天然气管线泄漏事故处理的指导方法有哪些？ … 044
115. 天然气管线泄漏如何处置？ ………………… 044
116. 对急性中毒的处理原则有哪些？ ……………… 044

117. 堵漏的基本措施有哪些？ …………………………… 044
118. 堵漏的基本方法有哪些？ …………………………… 045
119. 法兰堵漏的方法有哪些？ …………………………… 045
120. 强压注胶堵漏的常用夹具如何使用？ ……………… 045
121. 引流点燃有哪些措施？ ……………………………… 045
122. 自燃类物质的混触自燃机理及安全要求
有哪些？ ………………………………………………… 045
123. 自燃类火灾与爆炸的预防对策是什么？ ………… 045
124. 救援人员进入室内搜救被困人员的具体
方法有哪些？ ………………………………………… 046
125. 影响灭火战斗成败的因素有哪些？ ……………… 046
126. 消防人员战斗活动有哪些特点？ ………………… 046
127. 影响消防人员心理的火场环境因素有哪些？ …… 046
128. 消防队训练的基本原则和组训方法是什么？ …… 046
129. 采取哪三种训练可以提高战斗员的胆量？ ……… 047
130. 消防训练实施的基本要求是什么？ ……………… 047
131. 着装登车的安全注意事项有哪些？ ……………… 047
132. 进入火灾现场个人防护的要求是什么？ ………… 047
133. 设置水枪阵地基本要求有哪些？ ………………… 048
134. 灭火进攻时应采取哪些措施？ …………………… 048
135. 火场救人行动的安全注意事项是什么？ ………… 049
136. 火场需要疏散物资时应注意哪些事项？ ………… 049
137. 火场排烟防范技能有哪些？ ……………………… 049
138. 火场供水的基本要求是什么？ …………………… 050
139. 灭火救援现场需要紧急撤离应采取哪些技能？ … 050
140. 关阀堵漏操作的具体要求是什么？ ……………… 050
141. 业务训练前安全检查具体内容是什么？ ………… 051

142. 塔上训练应注意哪些安全技能？ …………………… 052
143. 防化服的用途和性能有哪些？ …………………… 052
144. 避火服的用途和性能有哪些？ …………………… 052
145. 热成像仪的用途和性能有哪些？ ………………… 053
146. 有毒气体探测仪的用途和性能有哪些？ ………… 053
147. 生命探测仪的用途和性能有哪些？ ……………… 053
148. 救生绳是怎样分类的？ ………………………… 053
149. 照明机组用途及性能组成是什么？ ……………… 054
150. 无齿锯的用途及性能组成是什么？ ……………… 054

二、HSE 知识 ………………………………………… 054

（一）名词解释 ………………………………………… 054
1. 燃烧 ……………………………………………… 054
2. 燃点 ……………………………………………… 054
3. 闪燃 ……………………………………………… 054
4. 闪点 ……………………………………………… 054
5. 自燃 ……………………………………………… 054
6. 完全燃烧 ………………………………………… 054
7. 不完全燃烧 ……………………………………… 055
8. 阴燃 ……………………………………………… 055
9. 爆炸 ……………………………………………… 055
10. 爆炸浓度极限 …………………………………… 055
11. 火灾 ……………………………………………… 055
12. 夜间火灾 ………………………………………… 055
13. B 类火灾 ………………………………………… 055
14. C 类火灾 ………………………………………… 055
15. 火灾荷载 ………………………………………… 055

（二）问答…………………………………………………………055
1. HSE 管理体系是指什么？……………………………………055
2. HSE 管理体系的理念和指导思想是什么？…………055
3. 燃烧的条件是什么？…………………………………………056
4. 受热自燃的种类有哪些？……………………………………056
5. 火灾怎样分类？…………………………………………………056
6. 火灾等级怎样划分？…………………………………………056
7. 现行灭火的基本方法是什么？……………………………057
8. 水的灭火作用有哪些？………………………………………057
9. 火灾的发展阶段是哪几个？…………………………………057
10. 影响火灾变化的因素有哪些？……………………………057
11. 可燃物有哪些分类？…………………………………………057
12. 燃烧类型有哪几种？…………………………………………058
13. 动火安全有哪些实施要点？…………………………………058
14. 哪些情况下不准动火？………………………………………058
15. 违章作业是指什么？…………………………………………058
16. 事故隐患是指什么？…………………………………………058

第三部分 基本技能

一、操作技能 ……………………………………………………059
1. 原地着战斗服。…………………………………………………059
2. 原地着隔热服。…………………………………………………060
3. 原地着防毒服。…………………………………………………061
4. 原地着封闭式防化服。…………………………………………062

5. 佩戴空气呼吸器。 ………………………………………… 064
6. 移动式供气源操作。 ………………………………………… 065
7. 一人两盘 65mm 内扣水带连接。 ……………………………… 066
8. 两人五盘 80mm 水带连接。 ………………………………… 067
9. 沿两节拉梯铺设水带。 ……………………………………… 069
10. 沿楼层垂直铺设水带。 …………………………………… 070
11. 楼层吊升铺设水带。 ……………………………………… 071
12. 百米翻越板障过独木桥铺设水带。 ………………………… 073
13. 利用单杠梯过墙铺设水带。 ……………………………… 075
14. 射水姿势训练。 …………………………………………… 076
15. 水枪射流变换。 …………………………………………… 078
16. 泡沫钩管操作。 …………………………………………… 079
17. 攀登挂钩梯。 ……………………………………………… 080
18. 单人攀登 6m 拉梯。 ……………………………………… 081
19. 双人攀登 6m 拉梯。 ……………………………………… 083
20. 攀登 9m 拉梯。 …………………………………………… 084
21. 攀登 15m 金属拉梯。 ……………………………………… 086
22. 利用挂钩梯转移窗口。 …………………………………… 088
23. 攀登软梯。 ………………………………………………… 089
24. 双人徒手接力上楼。 ……………………………………… 090
25. 腰斧、板斧破拆。 ………………………………………… 091
26. 铁铤破拆。 ………………………………………………… 092
27. 手动破拆工具组破拆。 …………………………………… 093
28. 无齿锯破拆。 ……………………………………………… 094
29. 机动链锯破拆。 …………………………………………… 095
30. 机动双轮异向切割锯破拆。 ……………………………… 097
31. 电动双轮异向切割锯破拆。 ……………………………… 098
32. 气动切割刀破拆。 ………………………………………… 100

33. 气动破门器操作。……………………………… 101
34. 电钻电锤破拆。……………………………… 102
35. 氧气切割器操作。……………………………… 103
36. 玻璃破碎器操作。……………………………… 105
37. 手持钢筋速断器破拆。……………………………… 106
38. 液压扩张（剪切、剪扩）破拆。……………………………… 108
39. 便携式电动两用钳破拆。……………………………… 109
40. 便携式万向切割器破拆。……………………………… 110
41. 液压顶杆操作。……………………………… 112
42. 开门器破拆。……………………………… 113
43. 抱式救人。……………………………… 114
44. 背式救人。……………………………… 115
45. 肩式救人。……………………………… 116
46. 抬式救人。……………………………… 117
47. 结节（系扣）……………………………… 118
48. 结着（捆绑结绳）。……………………………… 121
49. 上升攀登单绳索。……………………………… 124
50. 大绳横渡救人。……………………………… 126
51. 坐席悬垂下降。……………………………… 127
52. 身体倒置悬垂下降。……………………………… 129
53. 缓降器下降。……………………………… 130
54. 软梯下攀。……………………………… 131
55. 八字环下降。……………………………… 132

二、常见故障判断处理 ……………………………… 134

1. 消防水带故障有什么现象？故障原因有哪些？如何处理？……………………………… 134

2. 消防水枪故障有什么现象？故障原因有哪些？
如何处理？……134
3. 分水器故障有什么现象？故障原因有哪些？
如何处理？……135
4. 消防水带、水枪、消防接口漏水故障有什么现象？
故障原因有哪些？如何处理？……135
5. 钩梯故障有什么现象？故障原因有哪些？
如何处理？……136
6. 6m 拉梯故障有什么现象？故障原因有哪些？
如何处理？……136
7. 液压破拆工具故障有什么现象？故障原因有哪些？
如何处理？……137
8. 液压机动救援顶杆故障有什么现象？故障原因
有哪些？如何处理？……137
9. 无齿锯故障有什么现象？故障原因有哪些？
如何处理？……138
10. 空气呼吸器压力不足的故障有什么现象？故障
原因有哪些？如何处理？……138

参考文献……140

第一部分
基本素养

企业文化

（一）名词解释

1. **石油精神**：石油精神以大庆精神铁人精神为主体，是对石油战线企业精神及优良传统的高度概括和凝练升华，是我国石油队伍精神风貌的集中体现，是历代石油人对人类精神文明的杰出贡献，是石油石化企业的政治优势和文化软实力。其核心是“苦干实干”“三老四严”。

2. **大庆精神**：为国争光、为民族争气的爱国主义精神；独立自主、自力更生的艰苦创业精神；讲究科学、“三老四严”的求实精神；胸怀全局、为国分忧的奉献精神，凝练为“爱国、创业、求实、奉献”8个字。

3. **铁人精神**：“为国分忧、为民族争气”的爱国主义精神；“宁肯少活二十年，拼命也要拿下大油田”的忘我拼搏精神；“有条件要上，没有条件创造条件也要上”的艰苦奋斗精神；“干工作要经得起子孙万代检查”“为革命练一身硬功夫、真本事”的科学求实精神；“甘愿为党和人民当一辈子老黄牛”、埋头苦干的无私奉献精神。

4. 三超精神： 超越权威，超越前人，超越自我。

5. 艰苦创业的六个传家宝： 人拉肩扛精神，干打垒精神，五把铁锹闹革命精神，缝补厂精神，回收队精神，修旧利废精神。

6. 三要十不：“三要”：一要甩掉石油工业的落后帽子；二要高速度、高水平拿下大油田；三要在会战中夺冠军，争取集体荣誉。“十不”：第一，不讲条件，就是说有条件要上，没有条件创造条件上；第二，不讲时间，特别是工作紧张时，大家都不分白天黑夜地干；第三，不讲报酬，干啥都是为了革命，为了石油，而不光是为了个人的物质报酬而劳动；第四，不分级别，有工作大家一起干；第五，不讲职务高低，不管是局长、队长，都一起来；第六，不分你我，互相支援；第七，不分南北东西，就是不分玉门来的、四川来的、新疆来的，为了大会战，一个目标，大家一起上；第八，不管有无命令，只要是该干的活就抢着干；第九，不分部门，大家同心协力；第十，不分男女老少，能干什么就干什么、什么需要就干什么。这“三要十不”，激励了几万职工团结战斗、同心协力、艰苦创业，一心为会战的思想和行动，没有高度觉悟是做不到的。

7. 三老四严： 对待革命事业，要当老实人，说老实话，办老实事；对待工作，要有严格的要求，严密的组织，严肃的态度，严明的纪律。

8. 四个一样： 对待革命工作要做到，黑天和白天一个样，坏天气和好天气一个样，领导不在场和领导在场一个样，没有人检查和有人检查一个样。

9. 思想政治工作“两手抓”：抓生产从思想入手，抓思想从生产出发。这是大庆人正确处理思想政治工作与经济工作关系的基本原则，也是大庆人思想政治工作的一条基本经验。

10. 岗位责任制管理：大庆油田岗位责任制，是大庆石油会战时期从实践中总结出来的一整套行之有效的基础管理方法，也是大庆油田特色管理的核心内容。其实质就是把全部生产任务和管理工作落实到各个岗位上，给企业每个岗位人员都规定出具体的任务、责任，做到事事有人管，人人有专责，办事有标准，工作有检查。它包括工人岗位责任制、基层干部岗位责任制、领导干部和机关干部岗位责任制。工人岗位责任制一般包括岗位专责制、交接班制、巡回检查制、设备维修保养制、质量负责制、岗位练兵制、安全生产制、班组经济核算制等 8 项制度；基层干部岗位责任制包括岗位专责制、工作检查制、生产分析制、经济活动分析制、顶岗劳动制、学习制度等 6 项制度；领导干部和机关干部岗位责任制包括岗位专责制、现场办公制、参加劳动制、向工人学习日制、工作总结制、学习制度等 6 项制度。

11. 三基工作：以党支部建设为核心的基层建设，以岗位责任制为中心的基础工作，以岗位练兵为主要内容的基本功训练。

12. 四懂三会：这是在大庆石油会战时期提出的对各行各业技术工人必备的基本知识、基本技能的基本要求，也是“应知应会”的基本内容。四懂即懂设备结构、懂设备原理、懂设备性能、懂工艺流程。三会即会操作、会维修保养、会排除故障。

13. 五条要求：人人出手过得硬，事事做到规格化，项项工程质量全优，台台在用设备完好，处处注意勤俭节约。

14. 会战时期“五面红旗”：王进喜、马德仁、段兴枝、薛国邦、朱洪昌。

15. 新时期铁人：王启民。

16. 大庆新铁人：李新民。

17. 新时代履行岗位责任、弘扬严实作风“四条要求”：要人人体现严和实，事事体现严和实，时时体现严和实，处处体现严和实。

18. 新时代履行岗位责任、弘扬严实作风“五项措施”：开展一场学习，组织一次查摆，剖析一批案例，建立一项制度，完善一项机制。

（二）问答

1. 简述大庆油田名称的由来。

1959 年 9 月 26 日，新中国成立十周年大庆前夕，位于黑龙江省原肇州县大同镇附近的松基三井喷出了具有工业价值的油流，为了纪念这个大喜大庆的日子，当时黑龙江省委第一书记欧阳钦同志建议将该油田定名为大庆油田。

2. 中共中央何时批准大庆石油会战？

1960 年 2 月 13 日，石油工业部以党组的名义向中共中央、国务院提出了《关于东北松辽地区石油勘探情况和今后部署问题的报告》。1960 年 2 月 20 日中共中央正式批准大庆石油会战。

3. 什么是“两论”起家？

1960年4月10日，大庆石油会战一开始，会战领导小组就以石油工业部机关党委的名义作出了《关于学习毛泽东同志所著〈实践论〉和〈矛盾论〉的决定》，号召广大会战职工学习毛泽东同志的《实践论》《矛盾论》和毛泽东同志的其他著作，以马列主义、毛泽东思想指导石油大会战，用辩证唯物主义的立场、观点、方法，认识油田规律，分析和解决会战中遇到的各种问题。广大职工说，我们的会战是靠“两论”起家的。

4. 什么是“两分法”前进？

即在任何时候，对任何事情，都要用“两分法”，形势好的时候要看到不足，保持清醒的头脑，增强忧患意识，形势严峻的时候更要一分为二，看到希望，增强发展的信心。

5. 简述会战时期“五面红旗”及其具体事迹。

“五面红旗”喻指大庆石油会战初期涌现的五位先进榜样：王进喜、马德仁、段兴枝、薛国邦、朱洪昌。钻井队长王进喜带领队伍人拉肩扛抬钻机，端水打井保开钻，在发生井喷的危急时刻，奋不顾身跳下泥浆池，用身体搅拌泥浆制服井喷。钻井队长马德仁在泥浆泵上水管线冻结时，不畏严寒，破冰下泥浆池，疏通上水管线。钻井队长段兴枝在吊车和拖拉机不足的情况下，利用钻机本身的动力设施，解决了钻机搬家的困难。大庆油田第一个采油队队长薛国邦自制绞车，给第一批油井清蜡，又手持蒸汽管下到油池里化开凝结的原油，保证了大庆油田首次原油外运列车顺利启程。工程队队长朱洪昌在供水管线漏水时，用手捂着漏点，忍着灼烧的疼痛，让焊工焊接裂缝，保证了供水工程提前竣工。

6. 大庆油田投产的第一口油井和试注成功的第一口水井各是什么?

1960年5月16日，大庆油田第一口油井中7-11井投产；1960年10月18日，大庆油田第一口注水井7排11井试注成功。

7. 大庆石油会战时期讲的“三股气”是指什么?

对一个国家来讲，就要有民气；对一个队伍来讲，就要有士气；对一个人来讲，就要有志气。三股气结合起来，就会形成强大的力量。

8. 什么是“九热一冷”工作法?

大庆石油会战中创造的一种领导工作方法。是指在1旬中，有9天“热”，1天“冷”。每逢十日，领导干部再忙，也要坐在一起开务虚会，学习上级指示，分析形势，总结经验，从而把感性认识提高到理性认识上来，使领导作风和领导水平得到不断改进和提高。

9. 什么是“三一”“四到”“五报”交接班法?

对重要的生产部位要一点一点地交接、对主要的生产数据要一个一个地交接、对主要的生产工具要一件一件地交接。交接班时应该看到的要看到、应该听到的要听到、应该摸到的要摸到、应该闻到的要闻到。交接班时报检查部位、报部件名称、报生产状况、报存在的问题、报采取的措施，开好交接班会议，会议记录必须规范完整。

10. 大庆油田原油年产5000万吨以上持续稳产的时间是哪年?

1976年至2002年，大庆油田实现原油年产5000万吨以上连续27年高产稳产，创造了世界同类油田开发史上的奇迹。

11. 大庆油田原油年产4000万吨以上持续稳产的时间是哪年？

2003年至2014年，大庆油田实现原油年产4000万吨以上连续12年持续稳产，继续书写了“我为祖国献石油”新篇章。

12. 中国石油天然气集团有限公司企业精神是什么？

石油精神和大庆精神铁人精神。

13. 中国石油天然气集团有限公司的主营业务是什么？

中国石油天然气集团有限公司是国有重要骨干企业和全球主要的油气生产商和供应商之一，是集国内外油气勘探开发和新能源、炼化销售和新材料、支持和服务、资本和金融等业务于一体的综合性国际能源公司，在全球32个国家和地区开展油气投资业务。

14. 中国石油天然气集团有限公司的企业愿景和价值追求分别是什么？

企业愿景：建设基业长青世界一流综合性国际能源公司；

企业价值追求：绿色发展、奉献能源，为客户成长增动力、为人民幸福赋新能。

15. 中国石油天然气集团有限公司的人才发展理念是什么？

生才有道、聚才有力、理才有方、用才有效。

16. 中国石油天然气集团有限公司的质量安全环保理念是什么？

以人为本、质量至上、安全第一、环保优先。

17. 中国石油天然气集团有限公司的依法合规理念是什么？

法律至上、合规为先、诚实守信、依法维权。

二、发展纲要

（一）名词解释

1. 三个构建：一是构建与时俱进的开放系统；二是构建产业成长的生态系统；三是构建崇尚奋斗的内生系统。

2. 一个加快：加快推动新时代大庆能源革命。

3. 抓好“三件大事”：抓好高质量原油稳产这个发展全局之要；抓好弘扬严实作风这个标准价值之基；抓好发展接续力量这个事关长远之计。

4. 谱写“四个新篇”：奋力谱写“发展新篇”；奋力谱写“改革新篇”；奋力谱写“科技新篇”；奋力谱写“党建新篇”。

5. 统筹“五大业务”：大力发展油气业务；协同发展服务业务；加快发展新能源业务；积极发展“走出去”业务；特色发展新产业新业态。

6. “十四五”发展目标：实现“五个开新局”，即稳油增气开新局；绿色发展开新局；效益提升开新局；幸福生活开新局；企业党建开新局。

7. 高质量发展重要保障：思想理论保障；人才支持保障；基础环境保障；队伍建设保障；企地协作保障。

（二）问答

1. 习近平总书记致大庆油田发现60周年贺信的内容是什么？

值此大庆油田发现60周年之际，我代表党中央，向大庆油田广大干部职工、离退休老同志及家属表示热烈的祝贺，并致以诚挚的慰问！

60年前，党中央作出石油勘探战略东移的重大决策，广大石油、地质工作者历尽艰辛发现大庆油田，翻开了中国石油开发史上具有历史转折意义的一页。60年来，几代大庆人艰苦创业、接力奋斗，在亘古荒原上建成我国最大的石油生产基地。大庆油田的卓越贡献已经镌刻在伟大祖国的历史丰碑上，大庆精神、铁人精神已经成为中华民族伟大精神的重要组成部分。

站在新的历史起点上，希望大庆油田全体干部职工不忘初心、牢记使命，大力弘扬大庆精神、铁人精神，不断改革创新，推动高质量发展，肩负起当好标杆旗帜、建设百年油田的重大责任，为实现“两个一百年”奋斗目标、实现中华民族伟大复兴的中国梦作出新的更大的贡献！

2. 当好标杆旗帜、建设百年油田的含义是什么？

当好标杆旗帜——树立了前行标尺，是我们一切工作的根本遵循。大庆油田要当好能源安全保障的标杆、国企深化改革的标杆、科技自立自强的标杆、赓续精神血脉的标杆。

建设百年油田——指明了前行方向，是我们未来发展的奋斗目标。百年油田，首先是时间的概念，追求能源主业的升级发展，建设一个基业长青的百年油田；百年油田，也是空间的拓展，追求发展舞台的开辟延伸，建设一个走向世界的百年油田；百年油田，更是精神的赓续，追求红色基因的传承弘扬，建设一个旗帜高扬的百年油田。

3. 大庆油田 60 多年的开发建设取得的辉煌历史有哪些？

大庆油田 60 多年的开发建设，为振兴发展奠定了坚实基础。建成了我国最大的石油生产基地；孕育形成了大庆精神铁人精神；创造了世界领先的陆相油田开发技术；打造了过硬的“铁人式”职工队伍；促进了区域经济社会的繁荣发展。

4. 开启建设百年油田新征程两个阶段的总体规划是什么？

第一阶段，从现在起到 2035 年，实现转型升级、高质量发展；第二阶段，从 2035 年到本世纪中叶，实现基业长青、百年发展。

5. 大庆油田“十四五”发展总体思路是什么？

坚持以习近平新时代中国特色社会主义思想为指导，深入贯彻落实党的二十大精神，牢记践行习近平总书记重要讲话重要指示批示精神特别是“9·26”贺信精神，完整、准确、全面贯彻新发展理念，服务和融入新发展格局，立足增强能源供应链稳定性和安全性，贯彻落实国家“十四五”现代能源体系规划，认真落实中国石油天然气集团有限公司党组和黑龙江省委省政府部署要求，全面加强党的领导党的建设，坚持稳中求进工作总基调，突出高质量发展主题，遵循“四个坚持”兴企方略和“四化”治企准则，推进实施以抓好“三件大事”为总纲、以谱写“四个新篇”为实践、以统筹“五大业务”为发展支撑的总体战略布局，全面提升企业的创新力、竞争力和可持续发展能力，当好标杆旗帜、建设百年油田，开创油田高质量发展新局面。

6. 大庆油田“十四五”发展基本原则是什么？

坚持“九个牢牢把握”，即牢牢把握“当好标杆旗帜”这个根本遵循；牢牢把握“市场化道路”这个基本方向；牢牢把握“低成本发展”这个核心能力；牢牢把握“绿色低碳转型”这个发展趋势；牢牢把握“科技自立自强”这个战略支撑；牢牢把握“人才强企工程”这个重大举措；牢牢把握“依法合规治企”这个内在要求；牢牢把握“加强作风建设”这个立身之本；牢牢把握“全面从严治党”这个政治引领。

7. 中国共产党第二十次全国代表大会会议主题是什么？

高举中国特色社会主义伟大旗帜，全面贯彻新时代中国特色社会主义思想，弘扬伟大建党精神，自信自强、守正创新，踔厉奋发、勇毅前行，为全面建设社会主义现代化国家、全面推进中华民族伟大复兴而团结奋斗。

8. 在中国共产党第二十次全国代表大会上的报告中，中国共产党的中心任务是什么？

从现在起，中国共产党的中心任务就是团结带领全国各族人民全面建成社会主义现代化强国、实现第二个百年奋斗目标，以中国式现代化全面推进中华民族伟大复兴。

9. 在中国共产党第二十次全国代表大会上的报告中，中国式现代化的含义是什么？

中国式现代化，是中国共产党领导的社会主义现代化，既有各国现代化的共同特征，更有基于自己国情的中国特色。中国式现代化是人口规模巨大的现代化；中国式现代化是全体人民共同富裕的现代化；中国式现代化是物质文明和精神文明相协调的现代化；中国式现代化是人与自然和谐共生的现代化；中国式现代化是走和平发展道路的现代化。

10. 在中国共产党第二十次全国代表大会上的报告中，两步走是什么？

全面建成社会主义现代化强国，总的战略安排是分两步走：从二〇二〇年到二〇三五年基本实现社会主义现代化；从二〇三五年到本世纪中叶把我国建成富强民主文明和谐美丽的社会主义现代化强国。

11. 在中国共产党第二十次全国代表大会上的报告中，“三个务必”是什么？

全党同志务必不忘初心、牢记使命，务必谦虚谨慎、艰苦奋斗，务必敢于斗争、善于斗争，坚定历史自信，增强历史主动，谱写新时代中国特色社会主义更加绚丽的华章。

12. 在中国共产党第二十次全国代表大会上的报告中，牢牢把握的“五个重大原则”是什么？

坚持和加强党的全面领导；坚持中国特色社会主义道路；坚持以人民为中心的发展思想；坚持深化改革开放；坚持发扬斗争精神。

13. 在中国共产党第二十次全国代表大会上的报告中，十年来，对党和人民事业具有重大现实意义和深远意义的三件大事是什么？

一是迎来中国共产党成立一百周年，二是中国特色社会主义进入新时代，三是完成脱贫攻坚、全面建成小康社会的历史任务，实现第一个百年奋斗目标。

14. 在中国共产党第二十次全国代表大会上的报告中，坚持“五个必由之路”的内容是什么？

全党必须牢记，坚持党的全面领导是坚持和发展中国特色社会主义的必由之路，中国特色社会主义是实现中华民族伟大复兴的必由之路，团结奋斗是中国人民创造历史伟业的必由之路，贯彻新发展理念是新时代我国发展壮大的必由之路，全面从严治党是党永葆生机活力、走好新的赶考之路的必由之路。

三、职业道德

（一）名词解释

1. 道德：是调节个人与自我、他人、社会和自然界之间关系的行为规范的总和。

2. 职业道德：是同人们的职业活动紧密联系的、符合职业特点所要求的道德准则、道德情操与道德品质的总和。

3. 爱岗敬业：爱岗就是热爱自己的工作岗位，热爱自己从事的职业；敬业就是以恭敬、严肃、负责的态度对待工作，一丝不苟，兢兢业业，专心致志。

4. 诚实守信：诚实就是真心诚意，实事求是，不虚假，不欺诈；守信就是遵守承诺，讲究信用，注重质量和信誉。

5. 劳动纪律：是用人单位为形成和维持生产经营秩序，保证劳动合同得以履行，要求全体员工在集体劳动、工作、生活过程中，以及与劳动、工作紧密相关的其他过程中必须共同遵守的规则。

6. 团结互助：指在人与人之间的关系中，为了实现共同的利益和目标，互相帮助，互相支持，团结协作，共同发展。

（二）问答

1. 社会主义精神文明建设的根本任务是什么？

适应社会主义现代化建设的需要，培育有理想、有道德、有文化、有纪律的社会主义公民，提高整个中华民族的思想道德素质和科学文化素质。

2. 我国社会主义道德建设的基本要求是什么？

爱祖国、爱人民、爱劳动、爱科学、爱社会主义。

3. 为什么要遵守职业道德？

职业道德是社会道德体系的重要组成部分，它一方面具有社会道德的一般作用，另一方面它又具有自身的特殊作用，具体表现在：（1）调节职业交往中从业人员内部以及从业人员与服务对象间的关系。（2）有助于维护和提高本行业的信誉。（3）促进本行业的发展。（4）有助于提高全社会的道德水平。

4. 爱岗敬业的基本要求是什么？

（1）要乐业。乐业就是从内心里热爱并热心于自己所从事的职业和岗位，把干好工作当作最快乐的事，做到其乐融融。（2）要勤业。勤业是指忠于职守，认真负责，刻苦勤奋，不懈努力。（3）要精业。精业是指对本职工作业务纯熟，精益求精，力求使自己的技能不断提高，使自己的工作成果尽善尽美，不断地有所进步、有所发明、有所创造。

5. 诚实守信的基本要求是什么？

（1）要诚信无欺。（2）要讲究质量。（3）要信守合同。

6. 职业纪律的重要性是什么？

职业纪律影响企业的形象，关系企业的成败。遵守职业纪律是企业选择员工的重要标准，关系到员工个人事业成功与发展。

7. 合作的重要性是什么？

合作是企业生产经营顺利实施的内在要求，是从业人员汲取智慧和力量的重要手段，是打造优秀团队的有效途径。

8. 奉献的重要性是什么？

奉献是企业发展的保障，是从业人员履行职业责任的必由之路，有助于创造良好的工作环境，是从业人员实现职业理想的途径。

9. 奉献的基本要求是什么？

（1）尽职尽责。要明确岗位职责，培养职责情感，全力以赴工作。（2）尊重集体。以企业利益为重，正确对待个人利益，树立职业理想。（3）为人民服务。树立为人民服务的意识，培育为人民服务的荣誉感，提高为人民服务的本领。

10. 企业员工应具备的职业素养是什么？

诚实守信、爱岗敬业、团结互助、文明礼貌、办事公道、勤劳节俭、开拓创新。

11. 培养“四有”职工队伍的主要内容是什么？

有理想、有道德、有文化、有纪律。

12. 如何做到团结互助？

（1）具备强烈的归属感。（2）参与和分享。（3）平等尊重。（4）信任。（5）协同合作。（6）顾全大局。

13. 职业道德行为养成的途径和方法是什么？

（1）在日常生活中培养。从小事做起，严格遵守行为规范；从自我做起，自觉养成良好习惯。（2）在专业学习中训练。增强职业意识，遵守职业规范；重视技能训练，提高职业素养。（3）在社会实践中体验。参加社会实践，培养职业道德；学做结合，知行统一。（4）在自我修养中提高。体验生活，经常进行“内省”；学习榜样，努力做到“慎独”。（5）在职业活动中强化。将职业道德知识内化为信念；将职业道德信念外化为行为。

14. 员工违规行为处理工作应当坚持的原则是什么？

（1）依法依规、违规必究；（2）业务主导、分级负责；（3）实事求是、客观公正；（4）惩教结合、强化预防。

15. 对员工的奖励包括哪几种？

奖励种类包括通报表彰、记功、记大功、授予荣誉称号、成果性奖励等。在给予上述奖励时，可以是一定的物质奖励。物质奖励可以给予一次性现金奖励（奖金）或实物奖励，也可根据需要安排一定时间的带薪休假。

16. 员工违规行为处理的方式包括哪几种？

员工违规行为处理方式分为：警示诫勉、组织处理、处分、经济处罚、禁入限制。

17.《中国石油天然气集团公司反违章禁令》有哪些规定？

为进一步规范员工安全行为，防止和杜绝“三违”现象，保障员工生命安全和企业生产经营的顺利进行，特制定本禁令。

一、严禁特种作业无有效操作证人员上岗操作；

二、严禁违反操作规程操作；

三、严禁无票证从事危险作业；

四、严禁脱岗、睡岗和酒后上岗；

五、严禁违反规定运输民爆物品、放射源和危险化学品；

六、严禁违章指挥、强令他人违章作业。

员工违反上述禁令，给予行政处分；造成事故的，解除劳动合同。

第二部分
基础知识

专业知识

（一）名词解释

1. 灭火器：在其内部压力作用下，将所装填的灭火剂喷出，以扑救初期火灾的灭火器具。

2. 水（泡沫）枪：把水（泡沫）有效喷射到燃烧物上的灭火器具，如各种水枪、泡沫枪等。

3. 水（泡沫）炮：用来产生大流量、远射程、高强度射流，以扑救大规模、大面积火灾的喷射器具。

4. 泡沫钩管：一种移动式低倍泡沫灭火设备，由钩管和泡沫产生器组成，适用于扑灭未设固定泡沫灭火装置的小型油罐火灾。

5. 助燃剂：能帮助和支持可燃物质燃烧的物质，即能与可燃物质发生氧化反应的物质。

6. 灭火剂：能够有效地破坏燃烧条件，达到抑制或中止燃烧的物质。

7. 泡沫灭火剂：凡能与水混溶，并能通过化学反应或机械方法产生灭火泡沫的灭火剂。

8. 易燃固体：燃点较低，在遇火、受热、撞击、摩擦或与某些物品（如氧化剂）接触后会引起强烈燃烧的固体物质。

9. 液化石油气：是无色、透明、有特殊气味的物质，是石油化工企业的副产品，主要成分是低分子烃类，主要用作工业、民用燃料和其他工业原料，具有易燃液体和易燃气体的特性。

10. 化学危险物品：具有易燃、易爆、腐蚀、毒害、放射性等危险性质，并在一定的条件下，能引起燃烧、爆炸，导致人体灼伤、死亡等事故的化学物品及放射性物品。

11. 强风：风力级别达到六级的风。

12. 地下商场：建造在地面以下具有一定规模作为商服性质使用的建筑物。

13. 高层建筑：十层和十层以上的居住建筑或建筑高度超过 24m 的公共建筑。

14. 炼油厂：将开采的石油炼成汽油、柴油、润滑油、液态烃、石蜡、沥青等产品和化工原料的工厂。

15. 有毒区域：存在或通过燃烧能产生有毒物质的区域。

16. 火情侦察：消防队到达火场后所采取的全面了解火场情况的一项任务。

17. 火场救人：灭火人员使用各种技术和器材装备营救火场上受火势围困和其他险情威胁的人员的战斗行动。

18. 疏散与保护物资：灭火战斗中灭火人员采用各种方法将受到火势（险情）直接威胁的物资疏散到安全地带，或用灭火、遮盖等方法将物资就地保护起来的战斗行动。

19. 火场破拆：灭火人员为了完成火场侦察、火场救人、疏散物资、阻截火势蔓延等项战斗任务，对建筑物构件或其他物体进行破拆，以及对其进行局部或全部拆除的行动。

20. 火场供水：消防人员利用消防车、消防泵和其他供水器材，将水输送到火场，供灭火战斗人员出水灭火的战斗行动过程。

21. 战斗准备：消防队为进行战斗所做的准备工作。

22. 战斗展开：消防队到达火场后，指挥员根据火场情况或该单位灭火作战计划的规定，下达作战命令，灭火人员和消防车按照各自的任务分工，迅速进入作战阵地位置，形成对燃烧区进攻态势的战斗行动。

23. 战斗经过：接警到战斗结束，根据火势发展变化的情况和参战的灭火力量，所采取的组织指挥、灭火战术技术和力量部署及战斗行动、效果等情况。

24. 战备等级：消防队在规定期限内完成战斗准备的程度区分。

25. 战备值班：消防支队和大队担负灭火任务的指挥人员的值班。

26. 灭火战斗行动：消防指战员在灭火战斗过程中的行动方式、行动规范和行动要求，包括从接到报警开始，至战斗结束的整个活动过程。由接警、调度、出动、侦察、战斗展开、灭火、救人、疏散与保护物资、破拆、供水、防止水渍损失、战斗结束等环节组成。

27. 灭火作战计划：针对重点地区和重点保卫单位或部位可能发生的火灾，根据灭火战斗的指导思想和战术原则以及现有的器材装备而拟定的灭火行动预案。

28. 灭火技术：消防人员掌握和操作各种消防器材、装备的技能，是消防队伍战备工作的重要组成部分，是保证灭火战斗胜利的基础。

29. **灭火战术**：是进行灭火战斗的原则和方法，是各种灭火理论知识和灭火技术在火场上的综合运用。

30. **实地演练**：消防队按照消防重点保卫单位灭火作战计划，在设定情况诱导下，在消防重点保卫单位现场进行的作战模拟训练。

31. **战术演习**：消防队按照灭火战斗实际进程，在设定情况诱导下进行的作战模拟训练。

32. **模拟实战训练**：按照灭火作战要求现场射水或喷射泡沫，并进行救人和疏散物资等课题的训练。

33. **训练规定**：规范和约束执勤业务训练的准则。

34. **技术训练**：以基本技能项目为主要内容，在消防战斗员掌握器材装备性能的基础上，进行的基本技能和操法的训练。

35. **主攻方向**：进攻战斗中控制火势和消灭火灾的主要方向。

36. **消防重点保卫单位**：火灾危害性大，发生火灾后损失大、伤亡大、影响大的单位。

37. **生产工艺流程**：企业的建筑装备及原料、产品的内在联系。

38. **消防战斗员**：消防指导员和消防员的统称；消防员是消防战斗员、消防驾驶员、消防电话员的统称。

39. **身体素质**：人体在运行、劳动与生活中表现出来的力量、速度、耐力、灵敏及柔韧性等生理机能能力。

40. **安全制度**：在训练中为防范行政责任事故的发生，必须就训练的安全问题做出的相应规定。

41. 作战目的： 对灭火战斗结局的设想，它是根据作战原则、作战特点、战斗能力、着火对象及着火部位的地形条件确定的。

42. 水渍损失： 物品被水浸渍所造成的损失，以及在灭火过程中灭火用水造成对物品的浸泡而带来的损失。

43. 训练塔： 消防队伍为了消防指战员进行消防技能训练而模拟建造的楼层设施。

44. 消防泵： 用于消防工作的泵，是输送、喷射液体灭火剂（或冷却水）的动力装置。

45. 水带： 把消防泵输出的压力水或其他灭火剂送到火场的软管。

46. 消防头盔： 用于保护消防指战员自身的头部、颈部免受坠落物冲击和穿透以及热辐射、火焰、电击和侧向挤压时伤害的防护器具。

47. 消防战斗服： 保护消防指战员免受高温、蒸汽、热水、热物体以及其他危险物品伤害的保护装备，分为未经防水、阻燃处理，经防水处理和经防水、阻燃处理三种。

48. 消防手套和消防靴： 用来保护消防指战员手、足和小腿等免受伤害的装备。

49. 空气呼吸器： 供消防指战员呼吸器官免受浓烟、高温、毒气、刺激性气体或缺氧伤害的保护装备。

50. 隔热防护服： 消防员在灭火救援靠近火焰区受到强辐射热侵害时穿着的防护服，但不适用于消防员在灭火救援时进入火焰区与火焰有接触时，或处置放射性物质、生物物质及危险化学品的区域时穿着。面料由外层、隔热层、舒适层等多层织物复合制成。

51. 挂钩梯： 通常是利用窗口、阳台或其他有条件挂靠部位上攀楼层等，是登高训练的常用器材。

52. 二节拉梯：供消防员攀登二、三层楼灭火救援的使用器材。

53. 分水器：将消防供水干线的水流分出若干支线水流所必需的连接器具。

54. 集水器：将消防水带输送的两股或两股以上的正压水流合成一股所必需的连接器具。

55. 救生绳：消防员在灭火救援、抢险救灾中用于救人和自救的绳索，或用于日常训练。救生绳采用外包保护层的夹心绳结构。

56. 机动链锯：链锯由特殊碳钢制成，链锯前端有滚珠设计，并设有保护装置，常用于木门、木楼板、木屋顶和树木等木制结构件的破拆。

57. 液压破拆工具：具有撬开、支撑重物，分离、剪切金属和非金属材料及构件的功能。液压破拆工具主要有扩张器、剪扩器、剪切器、救援顶杆、开门器、便携式多功能钳、手动泵、机动泵等。

（二）问答

1. 中国石油天然气集团有限公司对综合性消防应急队伍的功能定位是什么？

服务企业、消防为主、综合应急。

2. 大庆油田消防支队的发展目标是什么？

锻造中国石油一流应急救援铁军、创建国有企业专职消防队伍标杆。

3. 消防战斗员岗位安全职责是什么？

（1）自觉遵守本单位各项安全管理规定，落实各项安全措施。(2) 在执勤训练过程中，严格按照支队作战训练安全规范执行。(3) 在灭火出动时，严格执行登车规定要求。(4) 灭火行动过程中，个人防护装具穿戴使用符合规定要求。(5) 认真落实本岗位安全风险防控措施。

4. 消防战斗员执勤职责是什么？

(1) 积极参加学习和训练，做好战斗准备。(2) 熟悉和掌握责任区内交通道路、消防水源、消防重点单位固定灭火设施具体情况和使用方法。(3) 严格遵守各项规章制度，坚守岗位，服从命令，听从指挥。(4) 明确自己的分工和任务。(5) 保持个人装具和分工管理的器材装备完整好用。(6) 听到出动信号后迅速着装，按规定位置登车出动。

5. 消防战斗员的火场职责是什么？

消防战斗员在班长的领导下，要积极主动地完成灭火战斗任务，其职责主要有：(1) 明确自己和本班的战斗任务，坚决执行班长和指挥员的命令。(2) 在灭火战斗中，必须坚守岗位。当灭火、救人、抢救物资等情况发生变化，来不及请示时，可以改变行动，随后向班长报告。(3) 在使用水枪或泡沫枪时，要利用地形和掩蔽体，尽量接近火源，充分发挥水枪或泡沫枪的作用。禁止盲目射水，避免或减少水渍损失。(4) 在战斗行动中，正确使用和爱护消防器材、工具，注意安全。

6. 实行火场警戒的条件是什么？

(1) 毒气、可燃气体扩散。(2) 有爆炸、倒塌危险。(3) 疏散大量人员或组织大量人员疏散物资。(4) 有大量人员和车辆参加灭火战斗。(5) 有大量围观人员。(6) 不能控制火势以及燃烧面积较大。(7) 指挥部认为有必要实施警戒。

7. 划分火场警戒区的方法有哪些？

（1）强制排除现场混乱。（2）确定警戒范围。（3）控制现场秩序。（4）及时进行外部疏导。

8. 防火间距确定的三个基本原则是什么？

（1）考虑热辐射作用。（2）满足消防扑救要求。（3）考虑节约用地。

9. 消防车供水的基本要求是什么？

（1）直接供水。（2）串联供水。

10. 消防车按底盘承载能力分为哪几类？

（1）轻型消防车。（2）中型消防车。（3）重型消防车。

11. 消防车按功能用途分为哪几类？

（1）灭火消防车。（2）专勤消防车。（3）举高消防车。（4）机场消防车。（5）后援消防车。

12. 火场破拆的方法有哪些？

（1）撬砸法。（2）拉拽法。（3）锯切法。（4）冲撞法。（5）爆破法。

13. 火场需要破拆时应注意哪些事项？

火场破拆必须正确使用破拆器材，合理实施破拆。（1）使用锤、斧、挠钩等器材破拆时，必须检查连接是否牢固。（2）破拆门窗玻璃时，必须站在门窗侧面，从玻璃上方一角开始破拆；从破拆处进入时，必须清除残留的玻璃碎片。（3）使用切割器具破拆时，必须佩戴面罩、手套，平稳操作、直线切割，切割器具前方不得站人。（4）高处破拆不准将破拆物抛向地面，不准随意破拆玻璃幕墙，如必须破拆玻璃幕墙，应在地面划出警戒区域后进行破拆。

14. 锯切法使用的器具有哪些？

（1）油锯。（2）手提砂轮机。（3）气体切割机。（4）手动切割机。

15. 消防斧分为哪几类？

（1）消防尖斧。（2）消防平斧。（3）消防腰斧。

16. 消防斧的适用范围有哪些？

（1）消防尖斧用于破拆砖木结构房屋及其他构件，也可破墙凿洞。（2）消防平斧用于破拆砖木结构房屋及其他构件。（3）消防腰斧是个人携带装备，主要用于破拆建筑、个别构件和登高行动支撑物。

17. 铁铤分为哪几类？

（1）重铁铤。（2）轻铁铤。（3）轻便铁铤。（4）万能铁铤。

18. 铁铤的适用范围有哪些？

（1）用于破拆门窗、地板、吊顶、隔墙及开启消火栓。（2）寒冷地区也可用其破冰取水。

19. 通用型无齿锯的技术参数有哪些？

（1）刀片直径300mm。（2）最大转速5100r/min。（3）动力4.8hp。（4）质量9.3kg。

20. 操作无齿锯时应注意哪些事项？

（1）使用时，砂轮片要以较小的转速接近破拆对象，待确定切割方向后再加速。（2）切割物体时，必须沿着砂轮片的旋转方向切入，不能歪斜。

21. 机动链锯有哪些技术参数？

（1）电压220V。（2）电流7.1A。（3）功率1400W。（4）切割速率470m/min。（5）最大切割长度405mm。

22. 操作机动链锯时应注意哪些事项？

（1）在无荷载时，严禁机器高速运转。（2）使用时，如有异常震动，应立即停机查明原因。

23. 垂直更换水带的操作步骤是什么？

（1）拆下爆破水带。（2）上二楼，甩水带。（3）取下挂钩，拉入爆破水带。（4）传递水带，固定水带。（5）连接水带，连接分水器。

24. 垂直更换水带的注意事项有哪些？

（1）操作人员个人防护装备齐全。（2）必备的工具、用具准备齐全。（3）按操作规程操作。（4）注意安全。（5）有恐高症及其他疾病不适合该项目者不应参加。

25. 水喷雾灭火系统的适用范围有哪些？

（1）固体火灾。（2）闪点高于60℃的液体火灾。（3）电气火灾。

26. 水喷雾灭火系统设置场所不能有哪些物质和设备？

（1）遇水后能发生化学反应造成燃烧、爆炸的物质。（2）没有溢流设备和排水设施的无盖容器。（3）装有操作温度在120℃以上可燃液体的无盖容器。（4）高温物质及易蒸发物质。（5）表面温度在260℃以上的设备。

27. 水雾喷头如何分类？其用途是什么？

（1）分类：水雾喷头分为中速水雾喷头和高速水雾喷头2种类型。

（2）用途：中速水雾喷头主要用于对需要保护的设备提供整体冷却保护，以及对火灾区附近的建筑物、构筑物连续喷水进行冷却；高速水雾喷头主要用于扑救电气设备火灾和闪点在60℃以上的可燃液体火灾，以及对可燃液体储罐进行冷却保护。

28. 根据保护对象的不同，水雾喷头应如何选择？

（1）保护对象为固体可燃物时，可选用中速水雾喷头。

（2）保护对象为可燃液体和电气设备时，应选用高速水雾喷头。（3）当防护目的为冷却保护时，对喷头类型无严格限制。（4）外形规则的保护对象，应尽量选用大流量、大雾化喷头。（5）外形复杂的保护对象，则宜选用多种口径的喷头搭配使用。

29. 细水雾灭火系统分别有哪几种类型？

（1）低压细水雾灭火系统。（2）高压细水雾灭火系统。（3）局部应用细水雾灭火系统。（4）全淹没细水雾灭火系统。（5）预制细水雾灭火系统。（6）单流体细水雾灭火系统。（7）双流体细水雾灭火系统。

30. 细水雾灭火系统有哪些优点？

（1）环保。（2）廉价。（3）对人和环境没有危害。

31. 蒸汽灭火系统的维护保养应注意哪些问题？

（1）蒸汽灭火系统的输气管道应保持良好，且应经常充满蒸汽。（2）排除冷凝水设备工作正常时管道内不积存冷凝水。（3）保温设施、补偿设施、支座等应保持良好、无损坏。（4）管线上的阀门应灵活好用、不漏气。（5）短管上的橡胶管连接可靠，筛孔管畅通。

32. 蒸汽灭火系统如何使用？

（1）设有固定灭火系统的房间，火灾时应开启蒸汽灭火管线使整个房间充满蒸汽。（2）室内或露天生产装置内的设备泄漏可燃气体或易燃液体时，应打开接口短管开关，对着火源喷射蒸汽。（3）可燃液体储罐区内的储罐发生火灾时，应立即在短管上接上橡胶输气管，将橡胶管的另一端绑扎在蒸汽挂钩上，打开接口短管阀门，向油罐液面释放蒸汽。

33. 火情侦察的方法有哪些？

（1）外部侦察。（2）内部侦察。（3）询问知情人。（4）仪器检测。

34. 在火场上进行火情侦察主要查明哪些情况？

（1）火源位置、燃烧物质的性质、燃烧的范围和火势蔓延的主要方向。（2）是否有人受到火势威胁，所在地点、数量和抢救、疏散的通道。（3）有无爆炸、毒害、腐蚀、遇水燃烧等物质，其数量、存放形式、具体位置。（4）火场内是否有带电设备，以及切断电源和预防触电的措施。（5）需要保护和疏散的贵重物资及其受火势威胁的程度等。6）燃烧的建（构）筑物的结构特点，及其毗连建（构）筑物的状况，是否需要破拆。（7）起火建（构）筑物内部消防设施可利用情况。

35. 火情侦察的基本要求有哪些？

侦察小组不少于 3 人，由指挥员带领，严禁单独行动，情况复杂现场必须有发生火灾单位的知情人引导，进入建（构）筑物内部须使用导向绳。（1）进入浓烟、高温、有毒等危险区域侦察时，须设置导向绳，明确联络信号，用水枪进行掩护。战斗班长负责在进出口处登记姓名、进出时间、空气呼吸器压力等情况，及时报告不安全因素。（2）进入建（构）筑物内部侦察时，应当对建筑结构强度进行评估，并充分利用地形、地物，靠近承重墙体行动，防止坠落物伤人。（3）进入密闭区域侦察时，应当在侧面缓慢开启门、窗，并同时向门、窗内射水。（4）在大型仓库、地下室等危险复杂环境侦察时，外部应成立侦察预备组，便于意外情况下的援救。

36. 危险化学品事故现场侦检警戒时应注意哪些事项？

侦检警戒必须根据灾害类别、特点，合理使用侦检器材，设定警戒区域。（1）易燃易爆区域，必须依据侦检结果划定警戒区域，严禁无关人员和车辆进入。（2）进入易燃、易爆区域，禁止使用非防爆侦检器材。（3）易燃、易爆事故现场警戒区域内，必须禁绝一切可能引起燃烧、爆炸的条件。

37. 缺水情况下火灾的扑救方法是什么？

（1）第一出动力量应增调水罐车。缺水地区发生火灾时，第一出动力量应尽量多地调动大型水罐消防车和供水车。调集增援力量时，力求一次调足。（2）充分利用火场附近的水源。（3）有效组织火场供水。对于离地面较深或消防车不能靠近的水源，可以利用手抬泵或排吸器取水，再通过消防车向火场供水。（4）在灭火中节约用水。要把水集中用于火场的主要方面，优先供给主要阵地上的水枪。为了节约用水，要尽可能使用小口径开关水枪。（5）及时进行破拆。在火势猛烈发展、水源严重缺乏的情况下，应及时破拆建筑，开辟隔离地带，阻止火势扩大蔓延。（6）积极疏散物资。在缺水的情况下，不能有效地阻止火势蔓延时，要组织足够的力量疏散受火势威胁的物资以减少损失。

38. 消防用水的来源有几种形式？

可由给水管网、天然水源或消防水池供给。

39. 火场上减少水渍的方法有哪些？

（1）近战灭火。（2）正确使用灭火剂。用水和泡沫均可扑救的火灾，为了减少水渍损失，应用泡沫扑救，利用泡沫的覆盖作用，可大大减少灭火用水量。（3）因时、因地使用射流。（4）注意疏散和遮盖。（5）阻挡水流和破拆排水。（6）防止水带、分水器漏水。

40. 灭火战斗展开分为几种形式？

（1）准备展开。（2）预先展开。（3）全面展开。

41. 防烟的基本原则是什么？

防烟的基本原则是防止烟进入疏散走道或楼梯间，以保证疏散安全。

42. 消防无线通信网有哪三种形式？

消防无线通信网由城镇管区覆盖网（即“一级网”）、火场指挥网（即“二级网”）、灭火战斗网（即“三级网”）组成。

43. 扑救夜间火灾应注意哪些问题？

(1) 注意安全。在进攻、转移、攀登、破拆以及采取灭火战术、技术措施时，都要谨慎行事，防止视线不清而发生事故。(2) 防止发生爆炸。(3) 在易发生事故的地方，要搞好照明或设立岗哨，以免发生意外。(4) 人员被困时，要突出救人工作，并耐心细致地寻找可能有人避难的地方。

44. 扑强风情况下火灾的战术要点有哪五条？

(1) 下风堵截，重点设防。(2) 侧风防御，穿插分割。(3) 组织群众，消灭飞火。(4) 采取一切手段，保证火场不间断供水。(5) 消灭残火，防止复燃。

45. 扑救寒冷季节火灾的基本要求是什么？

(1) 加强执勤力量及各类灭火器材的防寒性能。(2) 合理选择安全行车路线，提高队伍扑救寒冷季节火灾的作战能力。

46. 有毒区域火灾扑救有哪些特点？

(1) 易发生中毒事故：在有毒区域内抢险救灾时，如果缺乏防毒措施，有毒物质将会通过人的呼吸器官、皮肤和消化器官侵入人体。(2) 火灾易扩大：部分有毒物质是易燃易爆物品，通常情况下这些有毒气体比空气重，能沿地面扩散到很大范围，遇明火发生燃烧，若达到爆炸浓度则发生爆炸。⑶ 火灾扑救困难：部分有毒物质在燃烧时，不能用水扑救，相应地增加了灭火难度。灭火人员在灭火过程中穿戴防毒衣、佩戴空气呼吸器等防护装备，使灭火行动受到一定影响。

47. 扑救有毒区域火灾的战术要点是什么？

⑴ 积极抢救和疏散受毒气威胁的人员，并迅速查明毒害，加强防护。⑵ 正确部署灭火力量，在不影响扑灭火灾的前提下，尽量把灭火力量部署在侧风或上风方向。⑶ 灭火要坚持统一指挥，实行冷却降温、防爆堵漏、消除毒源等战术方法，针对毒性选用灭火剂。⑷ 调集专勤力量，多方配合灭火。

48. 楼层火灾的特点是什么？

⑴ 蔓延渠道多。⑵ 烟雾大，易中毒。

49. 扑救楼层火灾的战斗措施有哪些？

⑴ 抢救被困人员。⑵ 内攻为主，辅以外攻。⑶ 上截下防，分层灭火。

50. 扑救楼层火灾的注意事项是什么？

要防止过量射水，避免建筑结构和房间内的财物受到不应有的损失。在能控制室内火势的情况下，要尽量使用开花喷雾水流。疏散液化石油气瓶等高压气体钢瓶时，不能从高处向下抛，以防瓶体爆裂，无法转移时，要予以冷却保护。在扑救过程中不要随意打开门窗，以免加剧空气对流，助长火势发展。开启着火房间门窗时，消防战斗员要站在门窗两侧先喷入雾状水流，降低室温，避免室内爆燃、高温火焰伤人。

51. 建筑物怎样分类？

⑴ 按建筑物用途分类：民用建筑、工业建筑、农业

建筑。（2）按建筑物结构承重方式分类：承重墙承重、框架结构。

52. 高层建筑有哪些基本特点？

（1）主体建筑高，层数多。（2）建筑形式多样。（3）竖井、管道多。（4）用电设备多。（5）功能复杂，人员密集。（6）可燃物质多。

53. 高层建筑防、排烟有哪几种方式？

自然排烟、机械防烟、机械排烟三种方式。

54. 高层建筑火灾特点有哪些？

（1）火势猛烈，蔓延速度快。（2）烟气扩散迅速，极易造成人员伤亡。（3）登高与灭火的难度大。

55. 高层建筑火灾扑救的原则是什么？

（1）充分发挥“自救原则”，扑灭初期火灾。（2）坚持救人第一，且救人与灭火兼顾。（3）集中优势兵力，加强第一出动。（4）坚持统一指挥，打好协同战斗。（5）坚持内攻为主，外攻为辅，并应做到灵活运用。

56. 高层建筑火灾扑救的战术是什么？

（1）依靠高层建筑内部力量扑灭初期火灾。（2）火情侦察。（3）进攻路线选择。（4）内攻为主，外攻为辅。（5）疏散与营救。（6）高层建筑防排烟措施。（7）火场供水。（8）防止水渍损失。

57. 扑救高层建筑火灾的战斗措施是什么？

（1）充分发挥义务消防队的作用，力争扑灭初期火灾。（2）加强第一出动力量，调集登高车和防毒抢险等专勤力量。（3）认真进行火情侦察，迅速掌握火场情况。（4）积极救人。要坚持“救人优于灭火”的原则，根据火情发展和消防实力可以先救人后灭火，也可以边救人边灭火。(5) 合理部署力量，灵活运用灭火战术。⑹ 有效组织火场供水。⑺ 使用举高消防车应注意安全。

58. 扑救地下建筑火灾的基本措施是什么？

(1) 利用固定设备灭火。(2) 采取可靠的防毒防护措施，保证安全。(3) 深入地下内攻近战。(4) 地面喷射灭火。(5) 封闭窒息灭火。(6) 采取排烟和照明措施，为灭火创造条件，要善于利用建筑结构和排烟设备，采取自然排烟、机械排烟、水雾排烟、高倍泡沫排烟等方法，排除或稀释地下建筑内部的有毒烟雾。

59. 地下建筑人员为何无法逃避高温浓烟的危害？

地下建筑火灾的烟往往是从出入口排出的，初期火灾烟的扩散方向与人员疏散方向一致。地下建筑出入口少，疏散距离长，烟的扩散速度比人群疏散速度快。因此地下人员疏散过程中难以避开烟的危害。

60. 地下建筑火灾扑救的注意事项有哪些？

(1) 疏散、扑救初期火灾、火场排烟应同时进行，只有这样才能确保疏散成功。(2) 疏散过程中应注意搜索检查，防止有人未撤出。(3) 火灾初期阶段，烟雾毒气一般浮在通道上部，疏散人员应尽量降低自身高度外撤。(4) 参加营救的人员必须佩戴好各种安全防护装具、照明设备、通信工具。

61. 扑救影剧院火灾的安全注意事项是什么？

(1) 进入影剧院内部灭火的人员，要时刻注意房盖、吊顶有无塌落的征兆，发现异常迹象要及时撤出。(2) 水枪阵地的设置，应尽量避开观众厅或舞台的中央部位，以利于及时调整阵地和保障安全。(3) 对登高灭火的人员要加强安全防护，夜间扑救火灾时要注意火场照明。

62. 影剧院火灾的特点是什么？

（1）燃烧猛，蔓延快，房屋易倒塌。（2）一处着火，多处串通。（3）容易造成人员伤亡。（4）扑救条件差。

63. 医院火灾的特点是什么？

（1）疏散病人的任务重、难度大。（2）烟雾多，火势蔓延快。（3）有些部位不宜用水扑救。

64. 扑救医院火灾的战斗措施有哪些？

（1）积极稳妥地疏散病人。（2）注意及时排除烟雾及有毒性、刺激性的气体，防止扩散到病房、手术室、急诊室等部位和疏散人员的通道。（3）在条件允许的情况下，救人、灭火、疏散贵重仪器设备要同时进行。（4）对精密医疗设备、药品和不宜用水扑救的部位可以用二氧化碳或卤代烷灭火剂灭火，如有条件，也可先行遮盖，而后用水灭火。

65. 扑救商场（店）火灾的战术要点是什么？

（1）坚持“救人第一”的指导思想，正确处理救人与灭火的关系。（2）控制火势，重点设防。（3）内外夹攻，上下合击，穿插分割，逐片消灭。

66. 粮食加工厂的火灾有哪些特点？

（1）火势猛烈，蔓延迅速。（2）易发生粉尘爆炸。（3）易造成建筑倒塌。

67. 扑救粮食加工厂火灾应注意哪些问题？

（1）灭火中，尽量防止和减少由于水渍和烟熏而造成的粮食损失。（2）灭火后，对沉积的粉尘要检查处理，防止阴燃。（3）夜间或在浓烟中进入车间灭火时，消防人员要试探前进，防止从楼板孔洞坠落，同时要注意建筑构件等塌落伤人。

68. 汽车库火灾有哪些特点？

（1）火势蔓延快，容易发生爆炸。（2）停放的汽车失去机动能力，难以疏散。（3）易造成严重损失，如有人员在车内，易造成人员伤亡。

69. 扑救汽车和汽车库火灾应注意哪些问题？

（1）汽车猛烈燃烧时，轮胎容易发生爆裂，人体不要靠得很近，以免被击伤。（2）疏散汽车应由懂驾驶技术的人员操作，防止发生事故。

70. 闷顶火灾的特点是什么？

（1）隐蔽燃烧，不易发现。（2）燃烧猛烈，容易塌落。

71. 闷顶火灾的注意事项有哪些？

（1）如果顶棚下层有受火势威胁的人员和贵重物品，应尽快疏散。（2）在闷顶内近战强攻的灭火人员，必须注意防毒保护，并应保持与外部的通信联络。（3）通过房盖进入闷顶灭火的人员，在攀梯登房时，要注意防止滑落和坠落，必要时采取绳索保护。（4）进入敷设电线的闷顶内灭火时，要先切断电源防止触电。

72. 火力发电厂的火灾特点有哪些？

（1）火焰温度高。汽轮机透平油起火后，火焰温度可高达1700℃。发动机运转时电缆着火，火焰呈蓝色弧光，发出巨大声响，温度高达几千摄氏度。（2）蔓延速度快，设备相互威胁大。（3）扑救困难，易出现二次危害。（4）损失严重，恢复时间长。（5）设备容易爆裂。（6）结构容易变形倒塌。（7）容易造成人员伤亡。

73. 扑救发电厂火灾的基本战斗措施是什么？

（1）调集优势兵力打歼灭战：加强第一出动，集中优势兵力，特别是调派干粉、二氧化碳、泡沫等特种车辆到场，打歼灭战。(2) 查明火情，切断油源：查明燃烧部位有无人员被困，以及燃烧对汽轮机、锅炉、电气系统的影响，有无爆炸征兆及有效的预防措施，迅速关闭有关阀门，用干粉和泡沫灭火。

74. 仓库火灾的特点是什么？

(1) 燃烧猛烈，蔓延迅速。(2) 火焰可向纵深发展。(3) 存有化工、农药、医药的仓库发生火灾，会产生大量有毒气体。(4) 爆炸物品的仓库和一些化工仓库起火后，可能发生爆炸，威胁人员和建筑安全。

75. 仓库火灾的扑救要求和注意事项有哪些？

(1) 要查清物资的性质，正确使用灭火剂，避免或减少水渍损失。(2) 要做好参战人员的防护工作。(3) 疏散物资要有组织地进行，注意安全，防止建筑和堆垛倒塌伤人。(4) 火灾扑灭后，要仔细检查火场，彻底消灭物资堆垛内部的残火。

76. 液化石油气钢瓶火灾的火情侦察要检查什么？

火情侦察应查明以下情况：是单个钢瓶燃烧，还是多个钢瓶燃烧，钢瓶的数量和存放形式如何；钢瓶处于何种状态燃烧：立还是卧、火焰喷射方向、是空瓶还是实瓶；钢瓶角阀是否完好；钢瓶受火焰或热源作用的时间；钢瓶有无爆炸征兆等。

77. 扑救液化石油气火灾应注意哪些事项？

(1) 接警出动要问清情况。(2) 划定警戒区域，禁止无关人员进入火场。(3) 灭火人员要做好个人防护，必要时用喷雾水枪掩护。(4) 要注意观察风向地形及火情，从上风或侧上风方向接近火场。正确选择停车位置，提高预防爆炸的警惕性。（5）灭火器材装备和灭火剂准备充足后，方可实施进攻。（6）彻底清查火场，根除一切危险因素，防止复燃和二次爆炸。

78. 化学危险品仓库火灾有哪些特点？

（1）燃烧猛烈，蔓延迅速，易发生爆炸。（2）火情复杂多变，灭火剂选择难度大。（3）产生有毒气体，易发生化学性的灼伤，扑救难度大。

79. 爆炸物品仓库火灾的特点有哪些？

（1）容易发生爆炸：①爆炸引起燃烧，爆炸高温瞬间会将可燃物引燃。②燃烧引起爆炸，爆炸物品堆垛附近的包装纸、木箱等可燃物起火引发爆炸物品突然爆炸。③殉爆，库房内某一爆炸物品堆垛爆炸后波及库房内其他爆炸物品而造成的连锁反应。④间断性不规则爆炸，主要是枪炮弹药仓库发生火灾时，弹头与炮弹间断性的殉爆。

（2）燃烧面积大：①库房爆炸后，可燃材料被抛向空中，散落在较大的范围内燃烧。②高温爆炸碎片飞落远处，引燃可燃建筑及其他可燃物。③散装的黑火药等炸药起火后，火势能瞬间波及整栋库房或生产厂房。

（3）易造成大量人员伤亡：爆炸物品仓库发生爆炸，不仅会造成本库工作人员、灭火人员伤亡，还会伤害周围的群众。

80. 炼油厂火灾的特点有哪些？

（1）先爆炸后燃烧。（2）先燃烧后爆炸。（3）爆炸与燃烧交替进行。（4）立体燃烧。（5）复燃、复爆。

81. 炼油厂火灾的扑救措施是什么？

（1）及时关闭阀门、断绝油（气）源。（2）由下而上灭火。(3) 冷却防爆、控制蔓延。(4) 筑堤导流、防止复燃。

82. 扑救炼油厂火灾时应注意哪些事项？

(1) 注意灭火剂的选择：对乙烯冷凝设备、管道火，不宜用水冷却或扑救，可用1211、氮气、二氧化碳、干粉等灭火剂扑救。(2) 注意冷却：应部署水枪阵地，冷却受火势威胁的设备、管道、邻近装备，做好工艺灭火准备。(3) 注重"重点突破"灭火战术的运用。(4) 防止复燃。

83. 油罐火灾有哪些特点？

(1) 先燃烧，后爆炸。(2) 爆炸后不燃烧。(3) 汽油、煤油、柴油等轻质油储罐发生火灾后，燃烧速度快，火焰高，火势猛，热辐射强，易引起相邻油罐及其他可燃物燃烧。(4) 原油等重质油品储罐发生火灾后易出现沸溢和喷溅（又称沸喷），这是原油储罐（以及油轮、油驳）火灾的一个突出特点。

84. 扑救油罐火灾的基本要求是什么？

坚持冷却保护、防止爆炸的灭火指导思想，充分利用固定、半固定消防设施实施攻击，一举扑灭火灾。

85. 井喷火灾的特点有哪些？

(1) 井喷火焰于气柱之上燃烧。(2) 热辐射强、火焰温度高。(3) 井喷压力大，火焰喷射方向多变，灭火困难。(4) 容易引起大面积燃烧。(5) 响声大，噪声强，水源少，用水量大，扑救时间长。

86. 井喷火灾的扑救对策是什么？

(1) 火情侦察。(2) 根据情况采取相应的措施。(3) 清理井场，有效利用水枪灭火。(4) 使用卤代烷灭火剂灭火。(5) 工艺灭火。

87. 易燃建筑密集区有哪些特点？

(1) 建筑材料易燃，火灾危险性大。(2) 建筑密集，布局缺乏规划。(3) 通道狭小、弯曲。(4) 水源缺乏。

88. 易燃建筑区火灾的特点是什么？

(1) 燃烧猛烈，蔓延迅速，容易造成“火烧连营”。(2) 容易出现飞火，引起新的火点。(3) 容易造成人员伤亡。

89. 扑救易燃建筑密集区火灾的战斗措施是什么？

(1) 调派足够的第一出动力量。(2) 迅速疏散和抢救人员。(3) 控制火势发展，防止形成大面积燃烧。(4) 加强指挥，协同作战。(5) 紧急情况下采取的措施：牺牲局部，确保重点。借助屏障阻止火势蔓延，进行破拆，开辟阻火隔离带。

90. 消防水源调查的主要内容和方法有哪些？

(1) 定期普查。消防队定期对责任区所有消防水源实地普查，详细记录各个水源的形式、位置、通路、储量、管径、压力、水位高度、取水方法等。对于有些管道年久锈蚀、积垢或池塘淤塞的水源，要实地测试其供水能力和使用方法。

(2) 实地调查。对于消防重点保卫单位内部的消防水源可结合灭火作战计划制订、演练和其他形式实地调查。

(3) 收集资料。向自来水部门、水文测验部门及工厂企业等有关部门收集水源资料，了解供水管网形式、管道直径、节点分布以及季节、时间的水位变化情况等。

(4) 及时与有关部门联系，掌握变化情况。对于自来水厂（或供水设施）检修、电业部门停电、通往消防水源的道路受阻、重要水源断水、供水不足等情况，要及时掌握，并采取应急措施，考虑替代水源。

（5）制定水源手册。

91. 火场排烟的方法有哪些？

为了提高火场能见度，减少高温毒气的危害性，有效控制火势蔓延，提高救人、灭火效率，灭火人员必须采取排烟措施。排烟方法主要有自然排烟、人工排烟、机械排烟等。

92. 火场排烟的注意事项有哪些？

（1）与起火单位共同确定排烟方式。（2）做好射水准备。（3）加强自身安全防护。（4）防止“中性面”下移。

93. 燃烧类爆炸火灾的燃烧特征及基本处置方法有哪些？

（1）燃烧特征：①缓慢燃烧。②急剧燃烧。③混合气体燃烧。④粉尘、雾滴燃烧。⑤设备材料燃烧。（2）处置方法：①严格控制火源。②控制爆炸性混合物浓度。③保证生产设备具有足够的机械强度。

94. 化学火灾事故现场处置程序有哪些？

（1）调集救援和处置力量。（2）了解和掌握现场主要情况。（3）控制险情发展和抢救疏散人员。（4）消除危险源。（5）现场清洗消毒及归队。

95. 化学火灾事故具有哪些特点？

（1）发生突然。（2）扩散迅速。（3）危害途径多。（4）作用范围广。（5）处置困难。

96. 化学火灾事故处置的基本任务有哪些？

（1）控制危险源。（2）抢救受害人员。（3）指导防护，组织撤离。（4）现场清洗消毒，消除危害后果。（5）事故调查，查明原因。

97. 可采取哪些具体技术措施控制火灾险情发展？

（1）划定警戒区，设置警戒线。（2）控制火源，防止爆炸。(3) 稀释浓度，减弱危害。(4) 冷却罐体，减少蒸发。(5) 设置水幕，防止扩散。

98. 现场危险区域群众的安全疏散程序有哪些？

(1) 做好防护再撤离。(2) 就近朝上风或侧风方向撤离。(3) 重点对危重伤员和老、弱、幼、妇群体实施抢救式撤离。(4) 对被污染的撤出群众应及时进行消毒。

99. 有毒火灾的特点有哪些？

(1) 易发生中毒事故。(2) 火灾易扩大。(3) 火灾扑救困难。

100. 中毒会对人体哪些部位造成危害？

(1) 呼吸道。(2) 皮肤。(3) 消化道。

101. 神经系统中毒会给中毒者带来哪些症状？

(1) 闪电样昏倒、震颤。(2) 帕金森病、阵发性痉挛。(3) 强直性痉挛、神经炎。(4) 瞳孔缩小，瞳孔扩大。(5) 中毒性脑炎，中毒性神经病。

102. 化学毒物如何分类？

(1) 工业毒物：按照毒物作用的对象和症状分为呼吸性中毒物、神经系统中毒物、血液系统中毒物、消化系统中毒物、泌尿系统中毒物。(2) 军事毒剂：按照毒害作用分为神经性毒剂、糜烂性毒剂、全身中毒性毒剂、失能性毒剂、窒息性毒剂、控爆剂。

103. 按泄漏介质的状态分类，有哪些泄漏？

(1) 气体泄漏。(2) 液体泄漏。(3) 固体泄漏。

104. 按泄漏的机理分类，物质泄漏有哪些？

(1) 界面泄漏。(2) 渗透泄漏。(3) 破坏性泄漏。

105. 可燃物泄漏的控制措施有哪些？

(1) 关阀断料。(2) 堵漏封口。(3) 喷雾稀释。(4) 倒罐输转。(5) 注水排险。

106. 泄漏类火灾与爆炸事故的原因有哪些?

(1) 设备缺陷。(2) 设备机械性能降低。(3) 设备内压增大造成破裂。(4) 操作失误。

107. 泄漏类火灾与爆炸事故的防火防爆措施有哪些?

(1) 防止泄漏。(2) 设置报警系统。(3) 严格执行操作规程。(4) 控制点火源。

108. 液氯的特点有哪些?

(1) 液氯常温下为黄绿色、有强烈刺激性臭味的气体。(2) 本身不燃烧,但能助燃,比空气重约 2.5 倍,在空气中不易扩散。(3) 能溶于水,但溶解度不大,并随着温度的升高而减小。(4) 氯与绝大多数有机物均能发生激烈反应。(5) 氯气有剧毒,对眼睛和呼吸道系统的黏膜有极强的刺激性。

109. 液氯泄漏事故的特点有哪些?

(1) 扩散迅速,危害大。(2) 易造成大量人员中毒。(3) 污染环境,清洗消毒困难。

110. 苯的特征有哪些?

(1) 苯为无色透明,具有强烈芳香味的易燃液体。(2) 爆炸极限为 1.2% ~ 8%,遇明火、高热能引起燃烧爆炸,与氧化剂能发生强烈反应。(3) 苯不溶于水,其蒸气比空气重,泄漏时有潜在的爆炸危险。(4) 苯在沿管线流动时,流速过快,易产生和积聚静电,一旦静电不能消除,很容易引发爆炸燃烧。(5) 苯属于中等毒物,对神经系统、呼吸中枢有一定的危害。

111. 苯泄漏事故的特点有哪些?

(1) 易发生爆炸燃烧事故。(2) 易造成大量人员中毒。

(3) 污染环境。

112. 液化石油气泄漏有哪些特点？

(1) 液化石油气泄漏时，能在常温常压的空气中迅速汽化，同时吸收大量热，其体积能扩大 250 ～ 300 倍。(2) 气态石油气易在低洼处聚集，或沿地面扩散到相当远的地方。

113. 液化石油气对人员有哪些危害？

低浓度液化石油气对人体无毒。若在空气中液化石油气含量超过 10%，无防护的人在其中停留 5 min 就会产生麻痹。症状有头晕、头痛、兴奋或嗜睡、恶心、呕吐、脉缓等，严重时丧失意识。

114. 天然气管线泄漏事故处理的指导方法有哪些？

(1) 掌握天然气的性质和泄漏规律。(2) 设置警戒区，尽量将天然气浓度控制在爆炸点浓度之内。

115. 天然气管线泄漏如何处置？

(1) 关阀断料。(2) 疏散人员至安全区域。(3) 及时防止燃烧爆炸，迅速排除险情。(4) 进入泄漏区的排险人员严禁穿钉鞋和化纤服装。(5) 严禁使用金属工具。

116. 对急性中毒的处理原则有哪些？

(1) 尽快中止毒物的继续侵害。(2) 对症治疗，尤其是迅速建立并加强生命支持治疗。(3) 促进毒物排泄，选用有效的解毒药物。

117. 堵漏的基本措施有哪些？

(1) 对于关不严、间隙等采取使密封体靠拢、接触的措施；(2) 对于裂缝、孔、断裂等，采取嵌入或填入堵塞物的措施，或采取黏合剂黏合措施，或采取覆盖密封、包裹、上罩措施。

118. 堵漏的基本方法有哪些？

（1）调整间隙消漏法。（2）机械堵漏法。（3）气垫堵漏法。（4）胶堵密封法。（5）焊补堵漏法。（6）磁压法。（7）引流黏结堵漏法。（8）冷冻法。

119. 法兰堵漏的方法有哪些？

（1）全包式堵漏法。（2）卡箍式堵漏法。（3）强压注胶堵漏法。（4）顶压式堵漏法。（5）间隙调整堵漏法。

120. 强压注胶堵漏的常用夹具如何使用？

（1）卡箍用于卡住法兰盘的边缘，其形式有平面、凹面、凸面和密封式。（2）当法兰盘之间间隙较小，且介质压力低于4.2MPa时，可使用铜丝。

121. 引流点燃有哪些措施？

（1）对泄漏燃烧的储罐实施冷却控制，在保证安全的前提下，可以从排污管接出引流管，向安全区域排放点燃。（2）可视情况架设排空管线，点燃火炬，以加速处置工作的进程。

122. 自燃类物质的混触自燃机理及安全要求有哪些？

（1）某些性质相抵触的物质混合后，自发地开始缓慢的放热反应，温度上升到一定程度即发生燃烧爆炸。（2）要求尽量避免性质相抵触的物质混合接触，必要时应及时排出热量。

123. 自燃类火灾与爆炸的预防对策是什么？

（1）对这类物质的堆放方式、储存量及隔离方法进行严格限制，并采取通风、冷却、干燥等措施。（2）对易引起自燃的物质，在储存过程中要连续测定并记录其温度及环境情况。（3）尽可能将自燃物质分散储存，防止其混储混运。

124. 救援人员进入室内搜救被困人员的具体方法有哪些？

（1）喊。（2）听。（3）摸。（4）看。（5）嗅。

125. 影响灭火战斗成败的因素有哪些？

（1）客观因素：客观因素是指火场上客观存在的条件和现状，及其对灭火战斗的影响。包括：①火灾特点、燃烧形式、火场态势、燃烧面积大小、火灾复杂程度。②辖区消防队和增援队至火场距离的远近。③灭火剂的数量及供给条件。④火场上的装备器材条件。⑤气候条件对灭火战斗的影响。⑥火场周围环境、空间对灭火战斗的影响。⑦时间因素，即是否为时已晚。

（2）主观因素：①报警和受理火警是否及时、准确。②接警出动是否迅速，驶向火场途中是否安全。③火场侦察是否及时准确。④灭火作战组织指挥是否正确，战斗展开顺利与否。⑤后勤保障是否及时充分。⑥整个灭火战斗过程是否安全。⑦参战人员的精神、心理素质是否适应。

（3）价值标准：考虑价值因素时，必须将消防的社会价值和经济价值综合考虑。

126. 消防人员战斗活动有哪些特点？

（1）紧迫的时间性。（2）有限的空间性。（3）极度的紧张性。（4）活动中的困难性。（5）疲劳的连续性。（6）面临的危险性。

127. 影响消防人员心理的火场环境因素有哪些？

（1）高温。（2）浓烟。（3）噪声。（4）战斗活动空间狭小。（5）外界干扰。（6）危险情况。

128. 消防队训练的基本原则和组训方法是什么？

训练的基本原则主要包括：训战一致原则、从难从严原则、分类施训原则、正规系统原则和训养一致原则。

组训的方法有：讲授法、演示法、示教作业、示范作业、分解练习和连贯练习。

129. 采取哪三种训练可以提高战斗员的胆量？

（1）高空训练。（2）在烟火情境中训练。（3）在爆炸、倒塌、中毒等危险条件下训练。

130. 消防训练实施的基本要求是什么？

（1）全面系统，突出重点。（2）因人施教。（3）启发诱导。（4）精讲多练。（5）循序渐进。（6）保障安全。

131. 着装登车的安全注意事项有哪些？

指战员接到出动命令后，必须在确保安全的前提下快速着装登车。（1）通过楼梯进入车库时，不得越级跨跳楼梯，不得在跑动中着装；使用滑杆时必须依次下滑，并控制下滑速度。（2）指战员必须在车辆出库停稳后按照指定位置乘车，严禁在车库内登车，严禁在车外、车顶搭乘，严禁在车辆起步后追赶登车。（3）驾驶员必须在确认人员全部登车、车门关牢后，方可驾驶车辆起步。

132. 进入火灾现场个人防护的要求是什么？

指战员应当根据火场危害程度，严格按照防护等级采取相应措施。（1）通常情况下，必须着灭火防护服，佩戴消防头盔、帽套、导向绳、安全钩、手套、靴子、消防员呼救器等基本防护装备。（2）进入高温、浓烟、有毒、缺氧区域时，必须佩戴空气呼吸器或防毒面具。（3）进入高温、热辐射强和有可能爆炸的危险区域时，必须着消防隔热服、消防避火服或者防爆服。（4）进入带电区域作战时，必须穿戴电绝缘服、绝缘靴、绝缘手套等防护装备，携带漏电探测仪、绝缘胶垫、接地线（棒）等器材。（5）高空作业时，必须用安全绳进行固定保护。(6) 扑救有玻璃幕墙的建筑火灾时，应保持必要距离，防止玻璃破碎，坠落伤人。

133. 设置水枪阵地基本要求有哪些?

水枪阵地应当按照便于观察、便于进攻、便于转移或者撤离的原则设置。(1) 利用地形、地物和承重墙体等条件设置水枪阵地。(2) 利用拉梯在窗口、阳台设置阵地时，拉梯上端必须高出窗口、阳台2个以上梯磴，并尽量采取固定措施。(3) 严禁在轻质屋顶、遮阳棚下，以及可燃油气罐上部设置水枪阵地。(4) 压缩气体钢瓶或者油桶库房着火，必须在充分冷却后，方能深入内部设置水枪阵地。(5) 大跨度钢架结构厂房、库房着火，必须在冷却结构，确认无坍塌危险后，方能深入内部设置水枪阵地。(6) 转移阵地或调整作战力量时，必须考虑整个作战部署的协调统一，防止因局部力量调整影响整个作战行动，每次转移阵地或调整作战力量时必须立即检查清点人员，并做好防护工作。

134. 灭火进攻时应采取哪些措施?

灭火进攻时，必须选择正确的灭火器材、进攻路线及射水（射流）方式。(1) 灭火时应当采用正确射水姿势，开、关水枪（分水器）动作要缓慢，注意射流方向，避免伤人。(2) 在高温和热辐射较强的环境里灭火时，必须实施水枪掩护，并适时组织人员替换。(3) 扑救木质楼板、吊顶的建（构）筑物火灾时，应当射水探试楼板、吊顶强度，确认没有塌落危险后，应保持前虚后实探步前进的方式进入室内救人、灭火。(4) 必须带电灭火时，应当按照带电灭火的要求，使用绝缘胶垫，保持水枪有效接地；使用直流水灭火时，应当采用点射。(5) 扑救高温、高压容器设备火灾时，必须减少前方作战人员，应使用遥控炮、移动炮、遥控灭火消防车等远距离射水。(6) 扑救可燃气体、挥发性易燃液体火灾时，应控制燃烧，不得盲目灭火；若意外灭火后，要防止复燃、复爆。(7) 严禁用水扑救遇湿易燃、易爆物质火灾，严禁使用直流水扑救可燃粉尘、强腐蚀性物质火灾。(8) 采用窒息法灭火时，必须确认灌注、封堵空间无人后方可实施。

135. 火场救人行动的安全注意事项是什么？

救援人员编组不得少于 3 人，并指定负责人。(1) 在进入浓烟、高温或者有毒区域搜救人员时，必须佩戴空气呼吸器，着相应级别防护装具，在水枪冷却掩护或者驱散稀释措施的配合下行动。(2) 利用绳索、软梯、缓降器救人或者自救时，固定点必须牢固，并在绳索额定荷载范围内使用。(3) 使用举高消防车救人时，工作平台严禁超载；禁止在工作平台内使用两节拉梯救人。(4) 使用登高器材登高救人时，尽量稳定被困人员情绪，实施有序疏散。(5) 抢救疏散医院病人时，应当在医护人员的指导下进行；疏散传染病患者时，必须做好安全防护。

136. 火场需要疏散物资时应注意哪些事项？

疏散物资必须在单位负责人或者技术人员的配合下有序进行，并指定专人看护。(1) 疏散出来的物品必须检查是否夹带火种。(2) 疏散易燃、易爆、腐蚀性物品时，要划出警戒线，禁止无关人员靠近。(3) 疏散压缩气体钢瓶，必须充分冷却，并在水枪掩护下进行。

137. 火场排烟防范技能有哪些？

排烟时，必须充分考虑烟雾流向，合理选择进风口和排烟口。(1) 在烟雾浓、温度高的区域排烟时，必须使用开花或者喷雾水流掩护。(2) 有毒烟气必须向下(侧)风方向排放，同时疏散可能受到排出烟雾威胁的人员。

138. 火场供水的基本要求是什么？

火场供水必须根据供水原则，采用正确的供水方法。(1) 驾驶员应及时掌握前方供水需求，与水枪手保持联系；供水时，驾驶员加压要平稳，严禁突然加压。(2) 垂直铺设水带时，必须使用水带挂钩、绳索等进行固定。(3) 水带铺设应当避开玻璃幕墙下方，无法避开时，应当用硬物对水带干线进行遮盖。

139. 灭火救援现场需要紧急撤离应采取哪些技能？

在火灾扑救中要明确紧急撤离的信号和联络方式，发现险情，应立即撤离。(1) 指挥员和安全员必须密切观察火场情况，发现险情及时发出撤离信号。(2) 特别紧急情况下，可以放弃车辆和器材，快速撤离。(3) 处置危险性较大的灾害事故，必须预先确定疏散信号、传递方式、撤离的方向和路线，清除紧急撤离线路上的障碍，设置利于快速撤离的各种设施，确定防爆掩蔽体，一旦接到撤退命令，一律徒手撤离。(4) 发出紧急撤离信号后，现场指挥员要立即在安全区域清点人员，并向指挥部报告，研究新的对策措施。

140. 关阀堵漏操作的具体要求是什么？

关阀堵漏编组一般为 2 ～ 3 人，必须与技术人员配合进行。(1) 进入易燃、易爆或者有毒区域关阀堵漏时，必须按照防护等级进行防护并使用水枪掩护，严禁使用非防爆器材。(2) 关阀堵漏应当选择精干人员，组织备用力量，必要时进行轮换作业和急救。(3) 对输转、倒罐作业人员进行保护时，消防员必须与现场保持一定的安全距离。

141. 业务训练前安全检查具体内容是什么？

（1）训练塔：①训练塔窗台板、窗框固定螺栓有无松动或损坏。②滑轮固定架有无开焊处，滑轮有无锈蚀，要定期对滑轮及滑轮轴进行润滑保养，并检查滑轮轴及滑轮插销的磨损情况。③安全保护器的固定架有无开焊处，钢丝绳有无断丝处。④楼梯、楼梯扶手和楼层踏板有无开焊处或松动变形。⑤训练塔防护栏有无开焊处或松动变形。

（2）训练器材：①挂钩梯的梯钩、侧板、梯磴、包铁有无断裂，梯钩锁销有无锈蚀。定期对梯子弹性和强度进行检查（用挂钩头部大齿将梯子挂起，在下端第二梯磴中间挂上重 160kg 静载荷，持续 2min，卸去载荷相隔 2min 后再检查测量，各部件不许有残余变形）。② 6m 拉梯的三角板、螺栓、侧板、撑脚、梯磴、铁脚有无损坏，拉梯绳有无断线，滑轮润滑是否良好。③障碍板板面有无损坏，拉筋紧固螺栓有无松动和锈蚀，支撑腿有无松动和损坏。④独木桥引桥踏板与桥体连接处有无松动，引桥踏板横木有无松动和损坏，桥体正面有无损坏或出现毛刺，桥体支撑脚有无松动和损坏。⑤障碍板、独木桥是否放置牢固。

（3）防护装具：①头盔、下颏带、佩戴装置有无损坏。②安全带蓬圈、半圆环及大方扣有无损坏。③参训人员着作训服（长袖运动服），穿胶鞋（运动鞋），系紧鞋带。④安全绳有无断线处，定期检查安全绳的拉力（按 4500N 测试），存放在干燥通风处，防止霉变。禁止与尖利物体接触。⑤安全钩的钩体、销钉、簧舌、复位弹簧、板钉、保险销有无损坏，安全钩开合机构是否灵活。⑥训练保护器制动系统是否完好，钢丝绳有无断丝、毛刺。

（4）训练场地：①训练跑道是否平整，有无石块、砖块等障碍物。② 6m 拉梯竖梯坑是否符合训练要求，坑内有无砖块、石块等坚硬异物。③周边环境是否符合训练要求，有无噪声、高空坠落物等影响训练因素。

142. 塔上训练应注意哪些安全技能？

（1）操课前，组训干部要安排保护人员（可轮流担任）。挂钩梯训练，拉绳人员戴手套，挂钩人员要精神集中，坚守岗位，出现安全钩没有挂在安全带半圆环上的情况时，要立即发出停止操作的口令；6m 拉梯训练保护人员站在塔下竖梯坑两侧，在梯子倾倒、操作人员坠落时保护人员要及时实施保护。（2）攀登消防梯时，双手不得同时离开梯子，二楼以上攀登时，必须使用安全绳保护；梯子未挂牢前，严禁攀登。（3）训练保护器每次完成制动之后，要检查制动系统和钢丝绳，如有制动系统不灵活、钢丝绳断丝或出现毛刺等情况，应立即停止使用。（4）训练过程中出现滑轮不灵活、安全绳断线等情况时，立即停止训练，待修补或更换之后方可继续训练。

143. 防化服的用途和性能有哪些？

（1）用途：放射性污染、军事毒剂、生化组合毒剂和化学事故现场防护。（2）性能：轻便，着装迅速；能够迅速洗消并重复使用；重量约为 0.5kg，可与所有毒气面罩匹配。

144. 避火服的用途和性能有哪些？

（1）用途：适用于高温有火灼伤危险的场合。（2）性能：具有良好的耐火焰、隔热性能，且材质轻、柔软性佳；加大避火服内可佩戴呼吸器，观测面镜由多层热处理玻璃及防热玻璃制成；防火温度 833℃，防辐射温度 1111℃。

145. 热成像仪的用途和性能有哪些？

（1）用途：在黑暗、浓烟条件下观测火源及火势蔓延方向，寻找被困人员，监测异常高温及余火，观测消防队员进入现场情况。（2）性能：采用红外线成像原理，有效监测距离 80m，可视角度 55°；防水、防冲撞，密封外壳；重量为 2.7kg。

146. 有毒气体探测仪的用途和性能有哪些？

（1）用途：便携式智能型有毒气体探测仪可以同时检测 4 类气体，即可燃气（甲烷、煤气、丙烷、丁烷等 31 种）、毒气（一氧化碳、硫化氢、氯化氢等）、氧气和有机挥发性气体。

（2）性能：同时能对上述 4 类气体进行检测，在达到危险值时报警；防爆、防水喷溅；可燃气体能从“0 ～ 100%LEL”（爆炸下限）的范围测量自动转换到以“0 ～ 100% 气体”（体积分数）的范围测量；Ni-Cd 电池盒可使用 10h，充电时间 7 ～ 9h，LED 显示；重量约 1kg，尺寸 194mm×119mm×58mm。

147. 生命探测仪的用途和性能有哪些？

（1）用途：适用于建筑物倒塌现场的生命找寻救援。（2）性能：采用不同的电子探头（微电子处理器），可识别空气或固体中传播的微小震动（如呼喊、敲击、喘息、呻吟声等），并将其多级放大转换成视、听信号，同时，又可将背影噪过滤。主机 190mm×146mm×89mm，重量为 1.5kg。

148. 救生绳是怎样分类的？

按直径大小分自救绳（也称抛绳、引绳或标绳）和安全绳两种；按制作方法分螺旋状和编织状两种；按制成材料分合成纤维和麻、棉纤维两种。

149. 照明机组用途及性能组成是什么？

（1）用途：为火场和救援现场提供照明。（2）性能及组成：主要性能是防水、防爆；由气动升降照明灯、发电机组、灯杆、照明装置组成，同时可随意调整照射角度和方向。

150. 无齿锯的用途及性能组成是什么？

（1）用途：切断金属阻拦物。（2）性能及组成：由机体和砂轮切割片组成，刀片直径 300mm，最大转速 5100r/min，动力 4.8 马力（1 马力 =735W）；油箱容量 0.76L，重量 9.3kg；具有活性空气净化系统。

二、HSE 知识

（一）名词解释

1. 燃烧： 俗称着火，指可燃物与氧气或氧化剂作用发生的放热反应，通常伴有火苗和（或）发烟的现象。

2. 燃点： 可燃物质开始持续燃烧所需的最低温度。

3. 闪燃： 在一定的温度条件下，液态可燃物质表面会产生蒸气，部分固态可燃物也因蒸发、升华或分解产生可燃气体或蒸气，这些可燃气体或蒸气与空气混合形成混合可燃气体，当遇到明火时会发生一闪即灭的火苗或闪光，这种现象称为闪燃。

4. 闪点： 能引起闪燃的最低温度。

5. 自燃： 物质不用明火点燃就能够自发着火燃烧的现象。

6. 完全燃烧： 物质燃烧后产生不能继续燃烧的物质的燃烧。

7. 不完全燃烧：物质燃烧后产生还能继续燃烧的物质的燃烧。

8. 阴燃：物质无火焰的缓慢燃烧，通常产生烟和温度升高的迹象。

9. 爆炸：常见的爆炸有两种，物理性爆炸和化学性爆炸。

10. 爆炸浓度极限：可燃气体、蒸气或粉尘与空气混合后，成为具有一定浓度的爆炸混合物，并遇到火源，才能发生爆炸。这种能够产生爆炸的浓度范围就是爆炸浓度极限。

11. 火灾：时间或空间失去控制的燃烧所造成的灾害。

12. 夜间火灾：天黑以后至次日天亮之前这段时间内发生的火灾。

13. B 类火灾：液体火灾和可熔化的固体物质火灾，如汽油、煤油、原油、甲醇、乙醇、沥青、石蜡等火灾。

14. C 类火灾：气体火灾，如煤气、天然气、甲烷、乙烷、氢气等火灾。

15. 火灾荷载：在一个空间里所有物品包括建筑装修材料在内的总潜热能。

（二）问答

1. HSE 管理体系是指什么？

健康（Health）、安全（Safety）、环境（Environment）用英文第一个字母大写表示，缩写为 HSE，健康、安全与环境管理体系简称 HSE 管理体系。

2. HSE 管理体系的理念和指导思想是什么？

（1）以人为本；（2）任何事故都是可以避免的，如果我们能够预先知道可能会发生某种特定危害，那么就能够通过管理措施、专用技术或设备等手段避免事故，设法使人、财产、环境免受损害，即对风险进行控制；（3）预防为主；（4）持续改进；（5）效益最大化，损失最小化。

3. 燃烧的条件是什么？

（1）可燃物。（2）助燃物。（3）着火源。

4. 受热自燃的种类有哪些？

（1）接触灼热物体。（2）直接用火加热。（3）摩擦生热。（4）化学反应。（5）绝热压缩。（6）热辐射作用。

5. 火灾怎样分类？

（1）A类火灾——固体物质火灾：这种物质通常具有有机物性质，一般在燃烧时能产生灼热的余烬，如木材、棉、毛、麻、纸张等燃烧引起的火灾。

（2）B类火灾——液体或可熔化的固体物质火灾，如原油、汽油、煤油、柴油、甲醇、乙醚、丙酮等燃烧引起的火灾。

（3）C类火灾——气体火灾，可燃气体如煤气、天然气、甲烷、丙烷、乙炔、氢气等燃烧引起的火灾。

（4）D类火灾——金属火灾，可燃金属如钾、钠、镁、钛、锆、锂、铝镁合金等燃烧引起的火灾。

（5）E类火灾——带电火灾，物体带电燃烧引起的火灾。

（6）F类火灾——烹饪器具内的烹饪物（如动植物油脂）燃烧引起的火灾。

6. 火灾等级怎样划分？

根据火灾后果的严重程度，可以将火灾分为特大火灾、重大火灾、较大火灾和一般火灾：

（1）特大火灾是指造成30人以上死亡，或者100人以上重伤，或者 1 亿元以上直接财产损失的火灾。

（2）重大火灾是指造成 10 人以上 30 人以下死亡，或者 50 人以上 100 人以下重伤，或者 5000 万元以上 1 亿元以下直接财产损失的火灾。

（3）较大火灾是指造成 3 人以上 10 人以下死亡，或者 10 人以上 50 人以下重伤，或者 1000 万元以上 5000 万元以下直接财产损失的火灾。

（4）一般火灾是指造成 3 人以下死亡，或者 10 人以下重伤，或者 1000 万元以下直接财产损失的火灾。

注意："以上"包括本数，"以下"不包括本数。

7. 现行灭火的基本方法是什么？

（1）冷却法。（2）隔离法。（3）窒息法。（4）抑制法。

8. 水的灭火作用有哪些？

（1）冷却作用。（2）窒息作用。（3）对水溶性可燃液体的稀释作用。（4）冲击乳化作用。（5）水力冲击作用。

9. 火灾的发展阶段是哪几个？

（1）初期阶段。（2）发展阶段。（3）猛烈阶段。（4）下降阶段。（5）熄灭阶段。

10. 影响火灾变化的因素有哪些？

（1）可燃物数量及空气流量。（2）可燃物的蒸发潜热。（3）爆炸。（4）气象条件。（5）扩散。

11. 可燃物有哪些分类？

（1）根据可燃物在生产、储存时的火灾危险性，将其分为甲、乙、丙、丁、戊五大类。（2）可燃物按其物理状态分为气体、液体和固体三类：其中气体可燃物分为甲、乙两大类；液体可燃物分为甲、乙、丙三大类；固体可燃物分为甲、乙、丙、丁、戊五大类。

12. 燃烧类型有哪几种？

燃烧有许多种类型，主要是闪燃、着火、自燃和爆炸等4种。

13. 动火安全有哪些实施要点？

（1）审证。（2）联络。（3）拆迁。（4）隔离。（5）移去可燃物。（6）灭火措施。（7）检查和监护。（8）动火分析。（9）动火。（10）善后处理。

14. 哪些情况下不准动火？

（1）没有动火证或动火证手续不全者。（2）动火证已过期者。（3）动火证上要求采取的安全措施没有落实之前者。（4）动火地点或内容更改时没有重办审批手续者。

15. 违章作业是指什么？

违章作业是指职工在劳动过程中违反劳动安全卫生法规、标准、规章制度、操作规程，盲目蛮干，冒险作业的行为。

16. 事故隐患是指什么？

事故隐患是指生产区域、工作场所中存在的可能导致人身伤亡、财产损失或造成重大社会影响的设备、装置、设施、生产系统等方面的缺陷和问题。

第三部分 基本技能

一、操作技能

1. 原地着战斗服。

准备工作：

（1）在平地上标出起点线，在起点线前 1m 处，标出装备线。

（2）在起点线后 3 m 处标出集合线。

（3）战斗服整齐地摆在装备线前，间距 1m。

（4）服装叠放方法：插环式安全带（附有安全钩）折成双叠，横放在地面上；上装正叠，尼龙搭扣展平，沿两侧向背后折起，然后拦腰折成两叠，衣领翻向两侧（或上装反叠，衣里朝外，沿两侧叠成三层，然后拦腰折成两叠，衣背朝上），放在安全带上；盔帽平放在上装上，帽顶朝上；下装套在消防靴上，放在上装后面，靴跟与器材线相齐。

操作程序：

（1）消防战斗员在集合线处，站成一列横队。

（2）听到“第一名，出列”口令后，消防战斗员跑步到起点线后，立正站好。

(3) 听到“原地着战斗服——预备”口令后，消防战斗员做好准备。

(4) 听到“开始”口令后，消防战斗员迅速向前，脱下解放鞋，穿好消防靴、下装，黏合下装尼龙搭扣（或扣好裤扣），系好腰带，戴好盔帽，帽带拉至下颏；穿好上装，黏合上装尼龙搭扣（或扣好衣扣），扎牢安全带，立正喊“好”。

(5) 听到“卸装”口令后，消防战斗员按相反顺序脱下服装，叠好放回原位，在起点线处，立正站好。

(6) 听到“入列”口令后，消防战斗员跑步入列，在左侧站好。

操作安全提示：

(1) 消防战斗员着装前，身着作训服（或运动服，夏季可穿衬衣），穿解放鞋，不戴帽子。

(2) 上、下装尼龙搭扣必须黏合对齐（系扣服装衣扣扣齐）；腰带系紧；双脚踏到靴底。

(3) 安全带切实扎牢，带尾拉平，衣领平整，前后衣襟在安全带下面；盔帽戴正，帽带贴于下颏。

2. 原地着隔热服。

准备工作：

(1) 在平地上标出起点线，在起点线前 1m 处，标出装备线。

(2) 在起点线后 3m 处标出集合线。

(3) 隔热服整齐地摆放在装备线前，间距 1m。

(4) 服装叠放方法：消防靴跟与装备线相齐，下装折成三折，放在消防靴前，上装正叠，插扣对齐展平，沿两侧向背后折起，然后拦腰折成两折，衣领翻向两侧，放在下装前面。盔帽放在上装下，安全带和手套放在盔帽下。

操作程序：

（1）战斗员在集合线处，站成一列横队。

（2）听到“第一名，出列”口令后，消防战斗员跑步到起点线后，立正站好。

（3）听到“准备器材”口令后，消防战斗员检查器材，然后回原位站好。

（4）听到“原地着隔热服——预备”口令后，消防战斗员做好准备。

（5）听到“开始”口令后，消防战斗员迅速向前，脱下解放鞋，穿好消防靴、下装，挎上背带，穿好上装，戴好盔帽，扎牢安全带，戴上手套，立正喊“好”。

（6）听到“卸装”口令后，消防战斗员按相反顺序脱下服装，叠好放回原位，在起点线处，立正站好。

（7）听到“入列”口令后，消防战斗员跑步入列，在左侧站好。

操作安全提示：

（1）消防战斗员着装前，身着作训服，穿解放鞋。

（2）着装时，背带要挎上双肩，双脚要踏到靴底，盔帽要戴正，上、下装的插扣和按扣要完全扣齐，安全带要切实扎牢，带尾拉平。

3. 原地着防毒服。

准备工作：

（1）在平地上标出起点线，在起点线前 1m 处标出装备线。

（2）在起点线后 3m 处标出集合线。

（3）防毒服整齐地叠放在装备线前，间距 1m。

⑷ 服装叠放方法：外翻呈卷叠式。

操作程序：

⑴ 消防战斗员在集合线处，站成一列横队。

⑵ 听到“第一、二名，出列”口令后，消防战斗员跑步到起点线后站好。

⑶ 听到“原地着防毒服——预备”口令后，消防战斗员做好准备。

⑷ 听到“开始”口令后，第一名消防战斗员立即脱下鞋子，穿上防毒靴，提起防毒裤，双臂伸入袖管，整理胸前防毒垫胶层，搭好粘口，扣牢小腿拷钮，扎紧防毒服腰带，然后按佩戴面具要求戴好面罩，戴上手套，扣牢手腕拷钮。

⑸ 第二名消防战斗员协助第一名消防战斗员提起防毒服袖，结好第一名消防战斗员领扣上的气密带，并帮助戴好防毒帽和盔帽，然后举手立正喊“好”。

⑹ 听到“卸装”口令后，消防战斗员原地脱下防毒服放好。

⑺ 听到“入列”口令后，消防战斗员按出列的相反顺序入列。

操作安全提示：

⑴ 要掌握穿着要领，防止扯破防毒服；腰带切实扎牢，不得松于腰围 0.1m。

⑵ 训练时防止尖锐物钩破防毒服，训练结束后用布擦净防毒服表面污物，撒上滑石粉放好。

4. 原地着封闭式防化服。

准备工作：

⑴ 在场地上标出起点线，距起点线 1m 处为器材线。

（2）在器材线上放置封闭式防化服1套，防化安全靴1双，防化手套1副，过滤式面具1具，并把防化服裤筒套于安全靴上，袖管向内卷成三段，防化手套及过滤式面具置于防化服前。

操作程序：

（1）消防战斗员在起点线一侧3m处站成一列横队。

（2）听到“第一名”的口令，第一名答“到”，听到“出列”的口令，答“是”，并跑至起点线处成立正姿势。

（3）听到“准备器材”的口令，消防战斗员检查器材，完毕后返回原位，立正站好。

（4）听到“预备—开始”的口令，消防战斗员脱下鞋子，穿上安全靴，蹲下身体，两手插于袖管内，迅速上提，待整理好防化服后，把封闭拉链拉起，并黏上粘带，然后戴上过滤式面具，并把防化服帽檐的搭扣扣于面具的上沿搭扣上，再戴上防化手套，把护腕压于防化服的第一层和第二层之间，在确认密封后，举手示“好”。

（5）听到“卸装”的口令，消防战斗员按着装的相反程序脱下防化服，放回原处，立正站好。

（6）听到“入列”的口令，消防战斗员答“是”，然后按出列的相反顺序入列。

操作安全提示：

（1）穿着时，必须保证防化服的封闭性。

（2）避免防化服与地面摩擦。

（3）面罩上的搭扣要与防化服的帽檐搭扣相扣牢。

（4）勿将裤筒塞于安全靴内。

5. 佩戴空气呼吸器。

准备工作：

（1）在平地上标出起点线，距起点线 1m 处为器材线，在器材线上放置正压式空气呼吸器若干部（300L 气瓶压力不得小于 25MPa），间距 1m（图 1）。

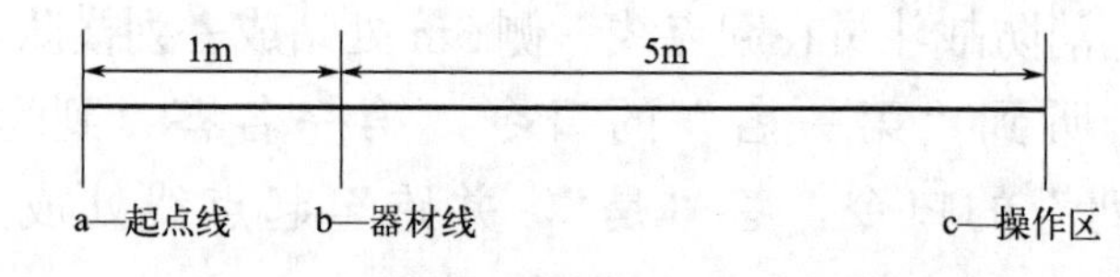

图 1　佩戴空气呼吸器场地设置示意图

（2）空气呼吸器放置方法：气瓶朝下，背托朝上，气阀手轮朝后，面罩放于背托上，面镜朝上。

操作程序：

（1）消防战斗员在起点线一侧 3m 处站成一列横队。

（2）听到“第一名”的口令，第一名答“到”，听到“出列”的口令，答“是”，并跑至起点线处成立正姿势。

（3）听到“准备器材”的口令，消防战斗员检查调整呼吸器：①打开气瓶开关检查气压，然后关闭气瓶开关。②调整肩带、腰带和面罩系带至合适长度。③开启空气供给阀，排出残留气体，然后放置好呼吸器，完毕后返回原位，立正站好。

（4）听到“预备——开始”的口令，消防战斗员左脚向前一步，右膝跪地，背好呼吸器，扣牢腰带，拉紧双肩背带，放松头盔带，将头盔推至颈后，然后开启气瓶开关，拿起面罩，由上而下戴好，收紧系带。深呼吸使空气供给阀启动，呼吸正常后戴上头盔，拉紧头盔带，完毕后在原来位置举手示“好”。

（5）听到“卸装”的口令，消防战斗员左脚向前一步，右膝跪地，放松头盔带，将头盔推至颈后，手指按拉面罩系带卡子，放松系带，关闭空气供给阀开关，由下而上摘下面罩，并按顺时针方向关闭气瓶开关，开启空气供给阀开关，排出残留气体，卸下头盔，卸下呼吸器，恢复初始状态，立正站好。

（6）听到“入列”的口令，消防战斗员答“是”，然后按出列的相反顺序入列。

6. 移动式供气源操作。

准备工作：

（1）在场地上标出起点线，距起点线 1m 处为器材线。

（2）在器材线上放置移动式供气源 1 套。

操作程序：

（1）消防战斗员在起点线一侧 3m 处站成一列横队。

（2）听到“前两名”的口令，第二名消防战斗员答“到”，听到“出列”的口令，答“是”，并跑至起点线处成立正姿势。

（3）听到“准备器材”的口令，第一名消防战斗员检查所有阀门是否关闭，接口是否拧紧，逐个打开气瓶检查气压，再关闭气瓶阀门，完毕后返回原位，立正站好。

（4）听到“预备—开始”的口令，第一名消防战斗员迅速跑步至器材线，把 4 个钢瓶阀门全部打开，同时第二名消防战斗员从附件箱里取出供气阀、面罩，把面罩挂在颈上，从轮轴上拉出 1m 长输气软管与供气阀输气管的快速接头连接好，然后把供气阀上的输气管保护腰带系于腰部扎好，最后，戴好面罩，两手把供气阀与面罩入气口连接，做两次深呼吸，确认呼吸畅通后向前行进。第一名消防战斗员按第二名消防战斗员的行进速度放出输气管线，待第二名消防战斗员到达终点线，举手示“好”。

(5) 听到“收操”的口令，消防战斗员收回器材，放于原处，立正站好。

(6) 听到“入列”的口令，消防战斗员答“是”，然后按出列的相反顺序入列。

操作安全提示：

(1) 使用中，4 具空气钢瓶不可同时调换。

(2) 输气管线不可被重物砸、压，不能扭圈，不可与锋利的物体摩擦，若两人同时使用，必须将 Y 形接头接于轮轴的输气管线上。

7. 一人两盘 65mm 内扣水带连接。

准备工作：

(1) 在长 37m、宽 2.5m 的平地上，标出起点线和终点线。

(2) 在起点前 1m、1.5m、8m、9m 处分别标出器材线、分水器拖止线、水带甩开线、甩带线。

(3) 器材线上放置水枪 1 支、65mm 内扣（卡式）水带 2 盘、分水器 1 只（图 2)。

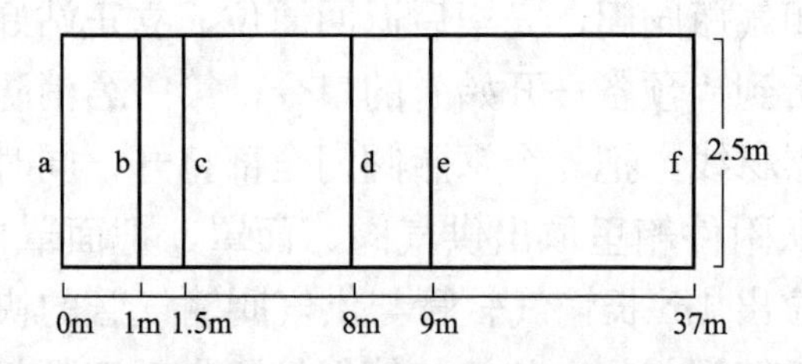

图 2　一人两盘 65mm 内扣水带连接场地设置示意图

a—起点线；b—器材线；c—分水器拖止线；d—水带甩开线；
e—甩带线；f—终点线

操作程序：

（1）消防战斗员在起点线一侧 3m 处站成一列横队。

（2）听到“第一名出列”的口令，消防战斗员答“是”并行进至起点线成立正姿势。

（3）听到“准备器材”的口令，消防战斗员检查器材，携带水枪，回原位站好。

（4）听到“开始”的口令，消防战斗员迅速向前，手持水带，先甩开第一盘水带，一端接上分水器接口，另一端接上第二盘水带，然后行至甩带线甩开第二盘水带，连接好水枪，冲出终点线，举手示意喊“好”，成立射姿势。

（5）听到“收操”的口令，消防战斗员收起器材，放回原处，成立正姿势。

（6）听到“入列”的口令，消防战斗员跑步入列。

操作安全提示：

（1）水带不应出线、压线或扭卷 360°。

（2）接口不得脱口或卡口，分水器不应拖出 0.5m。

（3）必须在铺带线路内完成全部动作。

（4）训练前必须充分做好活动准备，并做好安全防护工作，防止扭伤、摔伤。

8. 两人五盘 80mm 水带连接。

准备工作：

（1）在长 95m、宽 2.5m 的铺带线路上，标出起点线和终点线。

（2）在起点线前 55m 处标出甩带线，在起点线上放置 80mm 干线水带 5 盘，分水器 1 只，终点线上放置分水器 1 只（图 3）。

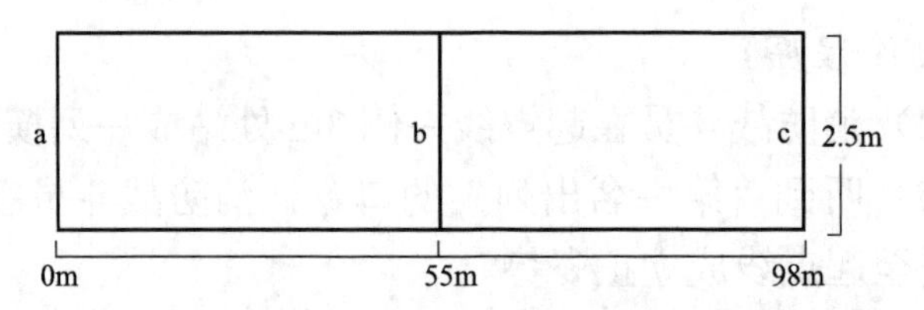

图3　两人五盘 80mm 水带连接场地设置示意图

a—起点线；b—甩带线；c—终点线

操作程序：

(1) 消防战斗员在起点线一侧 3m 处站成一列横队。

(2) 听到“前两名出列”的口令，两名消防战斗员行进至起点线处成立正姿势。

(3) 听到“准备器材”的口令，消防战斗员检查器材，做好器材准备。

(4) 听到“预备”的口令，消防战斗员做好操作准备。

(5) 听到“开始”的口令，第一名消防战斗员携两盘水带迅速向终点线奔跑，跑到 55m 处放下其中一盘水带的一个接口，然后向前铺设两盘水带，最后一个接口连接在终点线的分水器上，冲出终点线后喊“好”。第二名消防战斗员向前铺设三盘水带，第一盘水带的两个接口，一个接口接在起点线的分水器上，另一个接口接在第二盘水带接口上，然后在跑动过程中向前铺设两盘水带，最后一个接口连接在第一名战斗员放下的水带接口上，然后继续向终点线奔跑，冲出终点线后喊“好”。

操作安全提示：

(1) 甩带必须在规定区域内进行，水带不应出线、压线或扭圈 360°。

(2) 接口不得脱口或卡口，分水器不应拖出 0.5m。

(3) 必须在铺带线路内完成全部动作。

（4）训练前必须充分做好活动准备，并做好安全防护工作，防止扭伤、摔伤。

9. 沿两节拉梯铺设水带。

准备工作：

（1）在训练塔正面，划出长10m、宽2m的跑道，标出起点线，在起点线前1m、1.5m处，分别标出器材线和分水器拖止线。

（2）在跑道线一侧，距起点线3m处标出集合线。

（3）两节拉梯架设在第二层窗台。

（4）在器材线后，放置水枪、水带挂钩、分水器各1个，立放1盘65mm口径的衬里（或麻质）双卷水带；水带挂钩、分水器和水带接口与器材线相齐；水带长度20m（不得超过或减少0.5m），两个接口相距约0.1m，垫圈完整。

操作程序：

（1）消防战斗员在集合线处，站成一列横队。

（2）听到"第一名，出列"口令后，消防战斗员跑步到起点线后，立正站好。

（3）听到"准备器材"口令后，消防战斗员检查器材，携带水枪，然后回原位站好。

（4）听到"沿两节拉梯铺设水带——预备"口令后，消防战斗员做好准备。

（5）听到"开始"信号后，消防战斗员迅速向前，携带水带挂钩，甩开水带，连接上分水器与水枪接口，跑向拉梯，背上水枪、水带，攀登梯子，进入二层，提拉机动水带，吊好水带，挂钩挂在梯磴上，面向外立正喊"好"。

（6）听到"收带"口令后，消防战斗员收起器材，放回原位，在起点线处立正站好。

(7) 听到“入列”口令后，消防战斗员跑步入列，在左侧站好。

操作安全提示：

(1) 操作前，由一名消防战斗员扶梯，接口不得脱口、卡口。

(2) 水带挂钩必须挂牢。

(3) 分水器接口不应拖出 0.5m，楼层内机动水带不应少于 5m。

10. 沿楼层垂直铺设水带。

准备工作：

(1) 在训练塔前 10m 处标出起点线。

(2) 起点线上放置分水器 1 只，65mm 水带 1 盘、水枪 1 支、水带挂钩 1 个（图 4）。

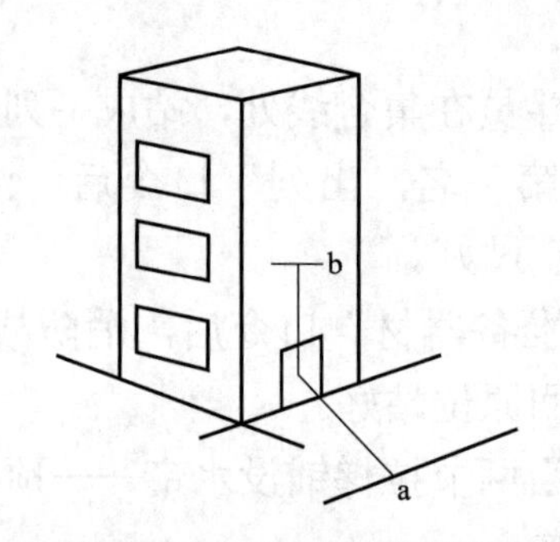

图 4　沿楼层垂直铺设水带场地设置示意图

a—起点线；b—二楼终点

操作程序：

(1) 消防战斗员在起点线一侧 3m 处站成一列横队。

(2) 听到“前两名出列”的口令，两名消防战斗员行进至起点线成立正姿势。

(3) 听到“准备器材”的口令，消防战斗员做好器材准备。

(4) 听到“预备”的口令，消防战斗员做好操作准备。

(5) 听到“开始”的口令，第一名消防战斗员将水枪插于腰间，携水带沿楼梯至二楼窗台处，在楼面将水带甩开，然后用双手交替法将水带一端接口向下传递，待第二名消防战斗员喊“好”时，转身将水带另一端接口与水枪连接，挂好水带挂钩，并将水带固定好举手示意喊“开水”，成立射姿势；第二名消防战斗员跑至训练塔窗口的侧面，目视窗口下垂的水带，待握住水带接口后喊“好”，然后将接口与分水器连接，听到第一名消防战斗员喊“开水”后，开启分水器开关，负责供水。

(6) 听到“收操”的口令，消防战斗员收起器材，放回原处，成立正姿势。

(7) 听到“入列”的口令，两名战斗员跑步入列。

操作安全提示：

(1) 水带不得直接抛甩到窗外地面。

(2) 向下传递水带必须双手交替，并有安全保护。

(3) 水带挂钩必须固定在窗口处。

(4) 训练前必须充分做好活动准备，并做好安全防护工作，严防训练事故的发生。

11. 楼层吊升铺设水带。

准备工作：

在训练塔前 10m 处标出起点线，起点线上放置 65mm 水带 1 盘、水枪 1 支、安全绳 1 根、水带挂钩 1 个（图 5）。

操作程序：

(1) 消防战斗员在起点线一侧 3m 处站成一列横队。

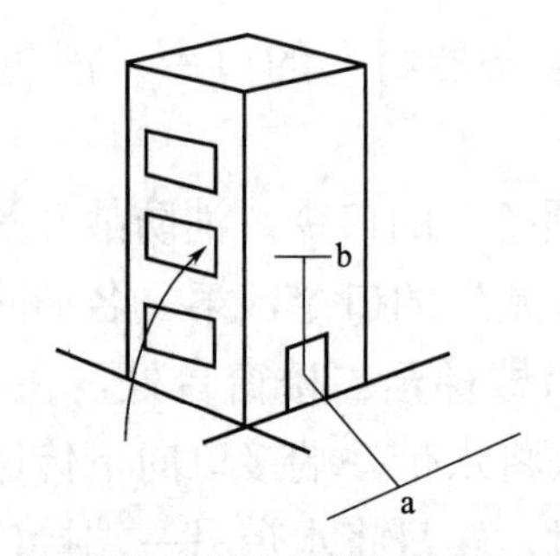

图 5　楼层吊升铺设水带场地设置示意图
a—起点线；b—二楼终点

⑵ 听到“前两名出列”的口令，两名消防战斗员行进至起点线成立正姿势。

⑶ 听到“准备器材”的口令，消防战斗员做好器材准备。

⑷ 听到“预备”的口令，消防战斗员做好操作准备。

⑸ 听到“开始”的口令，第一名消防战斗员将水带挂钩系于腰间，携安全绳沿楼梯蹬至二楼窗口，将安全绳一端从窗口传至地面。听到第二名消防战斗员喊“好”后，双手交替向上拉安全绳，将水枪拉至二楼窗口内，并用水带挂钩将水带固定在窗口，然后持水枪喊“好”，成立射姿势；第二名消防战斗员携水带向前甩开，将水带一端接口与分水器连接，右手携水枪，左手取另一端水带接口，至训练塔前连接水枪，接住第一名消防战斗员传至地面的安全绳，将水枪捆扎好后喊“好”，并整理水带，然后返回起点线；听到第一名消防战斗员喊“好”后，开启分水器开关，负责供水。

⑹ 听到“收操”的口令，消防战斗员收起器材，放回原处，成立正姿势。

⑺ 听到“入列”的口令，两名消防战斗员跑步入列。

操作安全提示：

（1）水带、水枪连接处不得脱口、卡口。

（2）水带必须用挂钩固定，以免供水时水带脱落。

（3）窗口内水带必须留有余长，便于水枪手活动。

（4）吊升时第二名战斗员应侧视，并注意安全。

（5）训练前必须充分做好活动准备，并搞好安全防护工作，严防训练事故的发生。

12. 百米翻越板障过独木桥铺设水带。

准备工作：

（1）在长100m的平地上，标出起点线和终点线。

（2）起点线上放置水枪1支，起点线前20m处横放2m板障1块，28m处放置65mm水带2盘，38m处设独木桥1座（独木桥长8m，桥面宽0.18m，桥面距地面1.2m，独木桥用三个支架固定；桥身两端的踏板长度为2m，宽度为0.25m，厚度为0.04m，在踏板上钉有5条宽0.05m、厚0.03m的横木，其中心距为0.35m），75m处设置分水器1只，出水口向前，88m处标出甩带线（图6）。

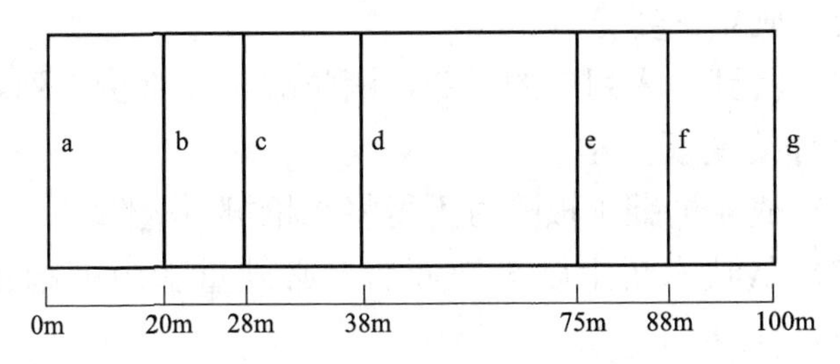

图6　百米翻越板障过独木桥铺设水带场地设置示意图

a—起点线；b—板障线；c—水带线；d—独木桥；e—分水器线；f—甩带线；g—终点线

操作程序：

（1）消防战斗员在起点线一侧3m处，站成一列横队。

（2）听到“第一名出列”的口令，消防战斗员行进至起点线成立正姿势。

（3）听到“准备器材”的口令，消防战斗员做好器材准备。

（4）听到“预备”的口令，消防战斗员做好操作准备。

（5）听到“开始”的口令，消防战斗员将水枪插于腰间（或背于肩上），向前奔跑，越过2m板障后继续向前至28m处，携两盘水带，至独木桥前踏板约1m处时，前脚借助后脚蹬力起跳将身体跃起，然后踩上桥面（也可以至独木桥前通过踏板快步蹬上桥面），以较小的步幅向前跑动，保持身体平衡。下桥时，脚蹬踏板控制身体平衡下到地面，前脚掌着地要缓冲。下桥后，奔至分水器处，将右手的水带甩开，一接口与分水器连接，右手持另一接口至甩带线后甩开左手一盘水带，一接口与第一盘水带连接，然后另一接口与水枪连接，冲出终点线举手示意喊“好”，成立射姿势。

（6）听到“收操”的口令，消防战斗员收起器材，放回原处，成立正姿势。

（7）听到“入列”的口令，消防战斗员跑步入列。

操作安全提示：

（1）战斗员翻越板障时不得将水枪掷过板障。

（2）从独木桥上跌至地面后，必须重新由前踏板通过独木桥。

（3）分水器、水带和水枪不得脱口、卡口。

（4）训练前必须充分做好活动准备，并做好安全防护工作，严防训练事故的发生。

13. 利用单杠梯过墙铺设水带。

准备工作：

(1) 选择一堵高2m的单墙（也可用2m板障代替），墙体中心线后15m处标出起点线，墙体前15m处标出终点线。

(2) 起点线上放置分水器1只、65mm水带2盘、水枪1支、单杠梯1部，梯的1端与起点线相齐（图7）。

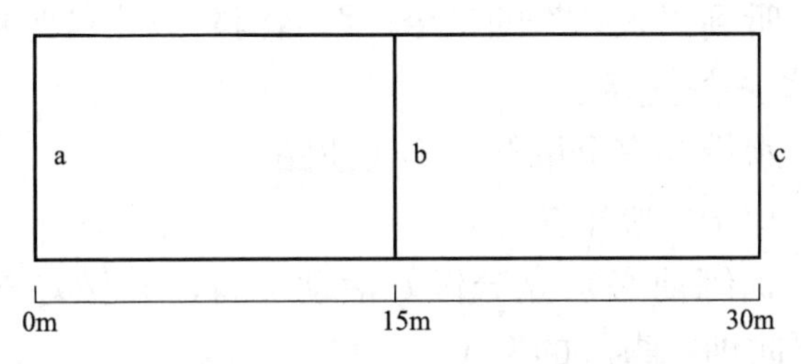

图7 利用单杠梯过墙铺设水带场地设置示意图

a—起点线；b—墙体线；c—终点线

操作程序：

(1) 消防战斗员在起点线一侧3m处站成一列横队。

(2) 听到“前两名出列”的口令，两名消防战斗员行进至起点线成立正姿势。

(3) 听到“准备器材”的口令，消防战斗员做好器材准备。

(4) 听到“预备”的口令，消防战斗员做好操作准备。

(5) 听到“开始”的口令，第一名消防战斗员携单杠梯至墙前将梯子展开，靠于墙上并作保护，待第二名消防战斗员攀登至梯顶后，沿梯子攀登至墙顶，并将单杠梯提起倒置架设于墙的另一侧，待第二名消防战斗员过墙后，随后过墙，至终点线，协助第二名消防战斗员掌握水枪；第二名消防战斗员将水枪插于腰间（或背于肩上），甩开一盘水带，一端接口与分水器相连，另一端接口与第二盘水带相连接，携第二盘水带至墙下，沿单杠梯上墙，将水带向墙的另一侧甩开，然后沿单杠梯下至墙的另一侧，接上水枪，冲出终点线举手示意喊“好”，成立射姿势。

（6）听到“收操”的口令，消防战斗员收起器材，放回原处，成立正姿势。

（7）听到“入列”的口令，两名消防战斗员跑步入列。

操作安全提示：

（1）水带要完全甩开，不得扭圈。

（2）梯子要竖牢扶稳。

（3）训练前必须充分做好活动准备，并做好安全防护工作，严防训练事故的发生。

14. 射水姿势训练。

准备工作：

（1）在平地上铺设好一条65mm口径的衬里水带，连接一支19mm口径的水枪。

（2）在水枪一侧距起点线3m处，标出集合线。

操作程序：

（1）消防战斗员在集合线处，站成一列横队。

（2）听到“第一名，出列”口令后，消防战斗员跑步到水枪左后侧，立正站好。

（3）听到“准备器材”口令后，消防战斗员检查器材，然后回原位站好。

（4）听到“持枪”口令后，消防战斗员左脚向前一步，右手拿起水枪，枪口朝上，收回左脚，立正站好。

（5）听到“立射”口令后，消防战斗员右脚退后一步，双脚成丁字形，前腿弓，后腿直，上体稍向前倾，同时左手握住水枪前部，右手扶住水带并靠于右胯，目视前方。

（6）听到“停射”口令后，消防战斗员收回右脚，持枪站好。

（7）听到“跪射”口令后，消防战斗员右脚退后一步跪下，脚尖蹬地，左腿弓成 90°，左小臂放于左大腿上，持水枪方法同立射姿势。

（8）听到“停射”口令后，消防战斗员起立，收回右脚，持枪站好。

（9）听到“卧射”口令后，消防战斗员右脚后退半步并下蹲，双手前伸支撑上体，右手将水枪按在地上，双脚向后叉开伸直，脚尖向外，脚跟相对同肩宽，左臂肘着地，左手握住水枪前部，右手扶住水带，小臂着地，目视前方。

（10）听到“停射”口令后，消防战斗员右腿弯曲，右手按住水枪，双臂撑起身体，左腿向前一步，起立后收回右脚，持枪站好。

（11）听到“肩射”口令后，消防战斗员右脚退后一步，双脚成丁字形，前腿弓，后腿直，上体稍向前倾，同时左手将水枪拿到右肩上，并握住水枪后部，右手握住水枪前部，使水枪紧靠肩部，目视前方。

（12）听到“停射”口令后，消防战斗员左手将水枪拿下，移于右手，收回右脚，持枪立正站好。

（13）听到“枪放下”口令后，消防战斗员左脚向前一步，放下水枪，收回左脚，立正站好。

（14）听到“入列”口令后，消防战斗员跑步入列，在左侧站好。

操作安全提示：

射水姿势正确，动作迅速、连贯。

15. 水枪射流变换。

准备工作：

（1）在平地上，划出长 22m、宽 7m 的跑道，标出起点线和终点线。

（2）距起点线前 14m、15m 处，分别标出水枪线和限界线。

（3）在跑道线一侧，距起点线前 3m 处，标出集合线。

（4）在起点线上停放一辆水罐消防车，出水口与起点线相齐，从出水口向前铺设好一条 65mm 口径的衬里水带，连接上一支多用水枪，水枪喷嘴与水枪线相齐，水枪开关呈水幕射流状态。

（5）在终点线上设置一孔靶。

操作程序：

（1）消防战斗员在集合线处，站成一列横队。

（2）听到“第一名，出列”口令后，消防战斗员跑步到水枪左后侧站好。

（3）听到“准备器材”口令后，消防战斗员检查器材，然后回原位站好。

（4）听到“变换射流——预备”口令后，消防战斗员迅速持枪成立射姿势，驾驶员逐渐加压到 $5kg/cm^2$ 供水。

（5）听到“开始”信号后，消防战斗员迅速旋转水枪导流管，使水枪射流由水幕变换成喷雾，由喷雾再变换成水幕，然后由水幕变换成直流，向靶孔射水，灌满容器后，驾驶员停止供水，消防战斗员将水枪恢复原状，放回原位，在水枪左后侧立正站好。

（6）听到“入列”口令后，消防战斗员跑步入列，在左侧站好。

操作安全提示：

（1）水枪射流变换时，要显示出喷雾、水幕、直流。

（2）向靶孔射水时，脚尖不准越出限界线。

（3）驾驶员供水时，要逐渐加压，并保持规定压力。

16. 泡沫钩管操作。

准备工作：

（1）在场地上标出起点线，距起点线 1m 处为器材线。

（2）在器材线上平放 1 部 9m 拉梯，1 根泡沫钩管和 1 条安全绳。

操作程序：

（1）消防战斗员在器材线后站成一列横队。听到“第一、二名，出列”口令后，消防战斗员跑步出列，在器材线后立正站好。

（2）听到“准备器材”口令后，消防战斗员检查器材，做好准备。

（3）听到“开始”信号后，两名消防战斗员迅速向前，侧立 9m 拉梯，使拉梯一侧梯梁着地，然后将梯子拉出 5 级梯磴，并锁好。第一名消防战斗员解开安全绳与第二名消防战斗员一起用卷结将钩管拴在梯磴和梯梁上（卷结方法见第 49 项操作），将挂钩固定插头套插进梯档，然后，消防战斗员喊“好”。

（4）听到“收器材”口令后，消防战斗员收检器材，立正站好。

（5）听到“入列”口令后，消防战斗员跑步入列，在左侧站好。

操作安全提示：

⑴ 钩管与泡沫产生器应连接在一起。

⑵ 训练后，钩管存放应避免重压变形。

⑶ 钩管要涂刷防水漆，以防锈蚀。

17. 攀登挂钩梯。

准备工作：

⑴ 在训练塔正面，划出长32.25m、宽2m的跑道，标出起点线。

⑵ 在跑道线一侧，距起点线前3m处标出集合线。

⑶ 挂钩梯的第七梯磴与起点线相齐，梯钩在起点线后，一面梯梁着地。

操作程序：

⑴ 消防战斗员在集合线处，站成一列横队。

⑵ 听到“第一名，出列”口令后，消防战斗员跑步到起点线后，立正站好。

⑶ 听到“准备器材”口令后，消防战斗员检查器材，然后回原位站好。

⑷ 听到“攀登挂钩梯——预备”口令后，消防战斗员迅速用单手或双手握梯，做好准备。

⑸ 听到“开始”信号后，消防战斗员手持挂钩梯，跑向训练塔，双手竖梯后将梯挂在第二层窗台上，攀登到第二层，骑坐在窗台上，将梯挂在第三层窗台上，攀登到第三层，再以上述方法攀登到第四层进入窗内，双脚着地，面向外立正喊“好”。

⑹ 听到“收梯”口令后，消防战斗员按攀梯的相反顺序下到地面，将梯取下，送回起点线，放回原位，立正站好。

（7）听到“入列”口令后，消防战斗员跑步入列，在左侧站好。

操作安全提示：

（1）听到“预备”口令时，消防战斗员不准移动梯子。

（2）梯钩应挂牢，不露钩齿。

（3）操作中，如盔帽或鞋脱落，须自己拾起穿戴好。

（4）操作时，要使用安全绳进行保护。

18. 单人攀登 6m 拉梯。

准备工作：

（1）在训练塔前 15m 处标出起点线，0.8 ～ 1.3m 处标出架梯区，10m 处标出卸梯区。

（2）起点线上放置 6m 拉梯 1 把（第五梯磴与起点线相齐），梯脚向前，梯梁一侧着地，架梯区设保护人员 1 名（图 8）。

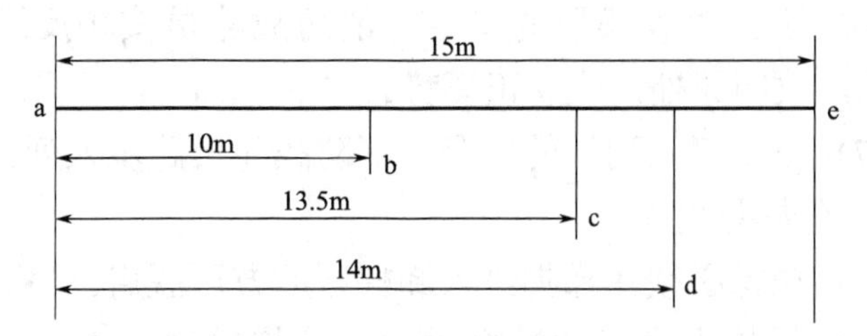

图 8　单人攀登 6m 拉梯场地设置示意图

a—起点线；b，c—卸梯区；d—架梯区；e—塔基

操作程序：

（1）战斗员在起点线一侧 3m 处列一横队。

（2）听到“第一名出列”的口令，1 号消防战斗员行进至起点线成立正姿势。

（3）听到“准备器材”的口令，消防战斗员做好器材准备。

(4) 听到“预备”的口令，消防战斗员做好操作准备(双手不得触及拉梯)。

(5) 听到“开始”的口令，消防战斗员的右臂伸入梯子第六、七梯磴之间，左手握第五磴，起梯上肩；跑向卸梯区，待梯脚进入卸梯区脱肩卸梯时，右手转握第七或第八梯磴，将梯子展平，左手下压右手上抬，借助右腿及腰力将梯子架在架梯区内；同时右脚迅速向前，伸入两梯脚之间，双手交替拉绳，当内梯活络铁脚高于外梯第七磴时，右手伸入梯磴内向外拉内梯绳，左手松脱外梯绳，使活络铁脚坐落于主梯第七磴。待拉梯靠墙后，左脚蹬梯第二磴，右手抓第八磴（手间隔抓）向上攀登；当右脚蹬第十三梯磴，右手抓梯末第三磴时，左手握安全钩挂入梯末第二磴，举手示意喊“好”。

(6) 听到“收操”的口令，消防战斗员按相反顺序收起梯子，放回原处，成立正姿势。

(7) 听到“入列”的口令，消防战斗员跑步入列。

操作安全提示：

(1) 拉梯必须在梯脚进入卸梯区后方可脱肩。

(2) 保护人员必须戴好手套，拉梯靠墙后方可扶梯保护（在竖梯危险时可提前保护)，严禁双手伸入梯内。

(3) 双手交替拉绳不得少于 3 把，下蹲时臀部不低于膝盖。

(4) 拉绳时，双手不准同时脱手，防止内梯突然滑落。

(5) 升梯时不得触及建筑物，安全钩应挂于梯末第二磴。

(6) 拉梯梯脚超出架梯区或架在窗框外严禁攀登。

19. 双人攀登 6m 拉梯。

准备工作：

（1）在训练塔正面长 32.25m、宽 2m 的跑道上，标出起点线，距塔基 0.8 ～ 1.3m 处标出架梯区。

（2）起点线上平放 6m 拉梯一部，弓背朝下，梯脚与起点线相齐（图 9）。

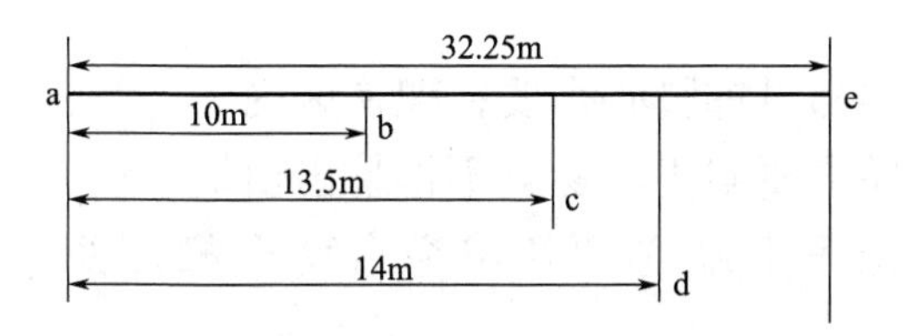

图 9　双人攀登 6m 拉梯场地设置示意图

a—起点线；b—卸梯区；c，d—架梯区；e—塔基

操作程序：

（1）消防战斗员在起点线一侧 3m 处列一横队。

（2）听到“前两名出列”的口令，1、2 号消防战斗员跑步至梯子一侧两端，立正站好。

（3）听到“准备器材”的口令，1、2 号消防战斗员做好器材准备。

（4）听到“预备”的口令，1、2 号消防战斗员用单手（双手）握梯，做好操作准备。

（5）听到“开始”的口令后，1、2 号消防战斗员提起梯子，上至肩部扛梯，右手扶梯跑向训练塔，在架梯区内将梯竖起，1 号消防战斗员扶梯，2 号消防战斗员拉梯，将梯架设在第二层窗台后攀登进入第二层窗内，脚着地，面向外立正喊“好”。

（6）听到“收操”的口令，2 号消防战斗员按攀登的相反顺序下到地面，与 1 号消防战斗员一起将梯子扛至终点线，放回原处成立正姿势。

(7) 听到“入列”的口令，两名消防战斗员跑步入列站好。

操作安全提示：

(1) 听到“预备”的口令时，消防战斗员不得移动梯子。

(2) 架梯时梯脚必须要在架梯区内。

(3) 梯子要架正，梯梁不得越出窗框。

(4) 梯子上端必须超出窗台两个梯，两个撑脚必须锁牢。

20. 攀登 9m 拉梯。

准备工作：

(1) 在训练塔前 15m 处标出起点线，距塔基 1 ～ 1.5m 处标出架梯区。

(2) 起点线上放置 9m 拉梯 1 部，梯梁一侧着地，梯脚向前与起点线相齐（图 10）。

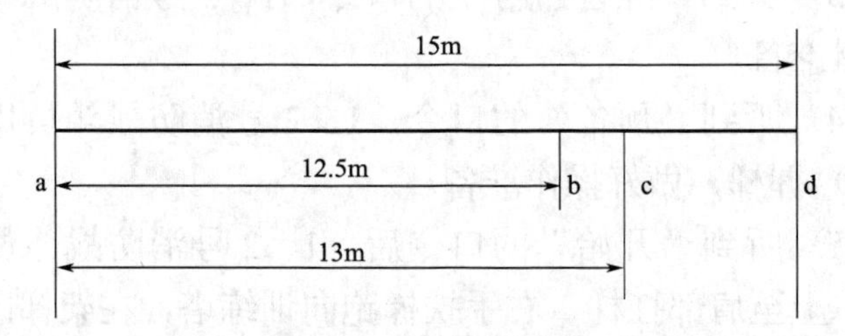

图 10　攀登 9m 拉梯场地设置示意图

a—起点线；b，c—架梯区；e—塔基

操作程序：

(1) 消防战斗员在起点线一侧 3m 处列一横队。

(2) 听到“前三名出列”的口令，1、2、3号消防战斗员行进至起点线成立正姿势。

(3) 听到“准备器材”的口令，消防战斗员做好器材准备（1号消防战斗员立于拉梯左侧梯脚处、2号消防战斗员立于拉梯右侧中间处、3号消防战斗员立于拉梯左侧梯末处）。

(4) 听到“预备”的口令，消防战斗员做好操作准备。

(5) 听到“开始”的口令，1号消防战斗员、3号消防战斗员分别将右臂伸入梯之间，左手握梯，起梯上肩并跑向架梯区；2号消防战斗员在梯子中间处托住梯梁协同前进；至架梯区后，1号消防战斗员将拉梯脱肩放下，两腿下蹲，转梯90°使梯子转平，两梯脚着地，然后背向训练塔，用两脚掌抵住梯脚，双手抓住梯后喊“竖梯”，然后站立于拉梯左侧，左手在上，右手在下，抓住梯梁将梯扶稳，并用左脚抵住梯脚，待拉梯靠墙后，双手拉住梯梁一侧做保护；2号消防战斗员待梯子到达架梯区后，转身至梯首面向训练塔，右手托住梯梁（其动作需与3号消防战斗员协调），同时用双手交替向上推梯，将梯竖直，然后转向拉梯右侧，右手在上，左手在下，并用右脚抵住梯脚处，扶稳梯身，待拉梯靠窗后，双手拉住梯梁另一侧做保护；3号消防战斗员待梯子到达架梯区后，将拉梯脱肩，协同2号消防战斗员推梯，待拉梯竖直后，右脚伸入两梯中间，两手交替拉绳，使内梯升高（或根据实际情况升至所需的标高处），右手伸入梯磴内侧向外拉梯绳，左手松脱外梯绳，使活络铁脚落于主梯上，拉梯靠窗后，逐级攀登至安全钩挂于梯末第二，举手示意喊“好”。

(6) 听到“收操”的口令，消防战斗员收起拉梯，放回原处，成立正姿势。

（7）听到“入列”的口令，三名消防战斗员跑步入列。

操作安全提示：

（1）竖梯时必须在1号消防战斗员发出口令后方可向上推梯，动作要协调一致。

（2）升梯时，拉梯必须竖稳，拉梯未竖稳或向外倾斜，严禁升梯。

（3）拉梯靠墙后应根据标高调整角度，梯脚与训练塔距离不得小于1m。

（4）梯子上端必须超出窗台两个梯，两个撑脚必须锁牢。

21. 攀登15m金属拉梯。

准备工作：

（1）在训练塔前20m处标出起点线，距塔基2～2.5m处标出架梯区。

（2）起点线上放置15m金属拉梯一部，梯脚向前与起点线相齐（图11）。

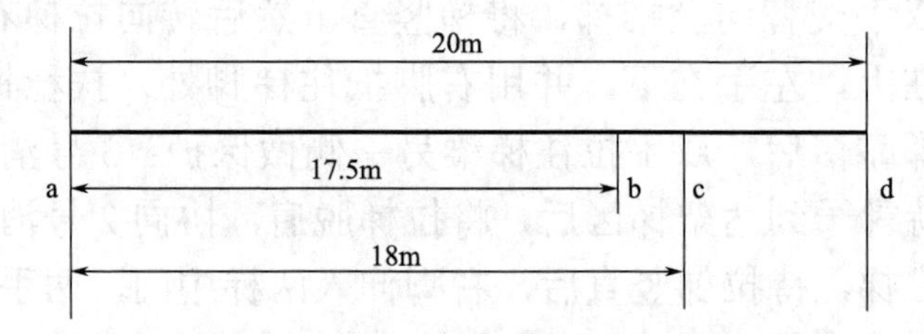

图11　攀登15m金属拉梯场地设置示意图

a—起点线；b，c—架梯区；e—塔基

操作程序：

（1）消防战斗员在起点线一侧3m处列一横队。

⑵ 听到“前五名出列”的口令，1、2、3、4、5 号消防战斗员行进至起点线成立正姿势。

⑶ 听到“准备器材”的口令，1 号消防战斗员立于梯子左前侧第四梯处；2 号消防战斗员立于梯子右前侧第四梯处；3 号消防战斗员立于梯子中间处；4 号消防战斗员立于梯首后右侧第四梯处；5 号消防战斗员立于梯末后左侧第四梯磴处，做好器材准备。

⑷ 听到“预备”的口令，做好操作准备。

⑸ 听到“开始”的口令，5 名消防战斗员同时用力握梯、托梯梁、携梯至架梯区。1 号消防战斗员、2 号消防战斗员将梯脚平放，并用脚踩住梯脚；听到 5 号消防战斗员下达“竖梯”指令后，1、2 号消防战斗员双手交替向上拉梯，3、4、5 号消防战斗员同时向上推梯，待梯子竖直后，3 号消防战斗员两手扶梯梁，两脚抵靠梯脚；4、5 号消防战斗员位于梯子两侧保护，1、2 号消防战斗员竖撑脚于适当位置，待梯子架稳后，5 号消防战斗员喊“升梯”，4、5 号消防战斗员交替拉绳子升到四楼窗台，扣好马夹；1、2 号消防战斗员持撑脚，3、4、5 号消防战斗员扶梯子，将梯子靠窗台，1、2 号消防战斗员固定撑脚，4、5 号消防战斗员保护梯子，3 号消防战斗员开始逐级攀登至 4 楼进窗，面向外举手示意喊“好”。

⑹ 听到“收操”的口令，消防战斗员收起梯子，放回原处，成立正姿势。

⑺ 听到“入列”的口令，5 名消防战斗员跑步入列。

操作安全提示：

⑴ 架梯时不得触及训练塔。

⑵ 梯子未架稳，不得升梯、爬梯。

（3）升梯靠窗时，应轻靠窗台。

（4）撑脚要互相对称，防止梯子倾斜。

（5）保护时，消防战斗员两手应扶于梯梁，防止内梯突然滑落造成事故。

22. 利用挂钩梯转移窗口。

准备工作：

在训练塔 2 楼窗台挂好挂钩梯 1 部，训练塔上设置安全保护绳 1 根，地面设保护人员 2 名。

操作程序：

（1）消防战斗员在起点线一侧 3m 处列一横队。

（2）听到“第一名出列”的口令，消防战斗员行进至塔基处成立正姿势。

（3）听到“准备器材”的口令，消防战斗员做好器材准备。

（4）听到“预备”的口令，消防战斗员做好操作准备。

（5）听到“开始”的口令，消防战斗员按“攀登挂钩梯”操作要领，攀登至 2 楼骑坐窗台上升梯子，双手握梯梁，将梯第一磴支撑在右大腿上，使挂钩沿塔壁倾斜向右侧窗口转移［图 12（a）］；待接近窗口时，将挂钩向内转 90° 挂入窗台［图 12（b）］；然后右手握梯梁，右脚踏梯第一磴，左手拉窗框，左脚踏窗台，转出窗外，缓慢向右侧窗口移动［图 12（c）］；使梯子垂直，然后向上攀登至进入窗口内双脚着地，面向外举手示意喊“好”。

（6）听到“收操”的口令，消防战斗员收起梯子，放回原处成立正姿势。

（7）听到“入列”的口令，消防战斗员跑步入列。

(a)

(b)

(c)

图 12　利用挂钩梯转移窗口操作

操作安全提示：

（1）登高作业必须系好安全绳，转移窗口时，保持有一手不脱离梯子。

（2）转移窗口时动作应协调、正确。

23. 攀登软梯。

准备工作：

在训练塔前 15m 处标出起点线，训练塔 3 楼窗台处悬挂软梯 1 部（梯尾至地面）。

操作程序：

（1）消防战斗员在起点线一侧 3m 处列一横队。

（2）听到“第一名出列”的口令，消防战斗员行进至起点线成立正姿势。

（3）听到“准备器材”的口令，消防战斗员做好器材准备。

（4）听到“预备”的口令，消防战斗员做好操作准备。

（5）听到“开始”口令，消防战斗员至塔基处，右（左）手握梯，同时左（右）脚蹬软梯，手脚交替向上攀登，当攀登到 3 楼窗口时，双手握同一级梯，左脚抬起伸向窗口，小腿于窗台处，双手支撑上体，收起右脚，转身进窗，双脚着地后面向窗外，举手示意喊“好”。

(6) 听到“收操”的口令，消防战斗员按相反顺序下至地面，成立正姿势。

(7) 听到“入列”的口令，消防战斗员跑步入列。

操作安全提示：

(1) 攀登时系好安全绳，双手交替不得脱，上体挺直，手脚攀登要协调。

(2) 对软梯要严格检查。

24. 双人徒手接力上楼。

准备工作：

在训练塔 4 楼垂直设置两根安全保护绳，地面设保护人员 4 名。

操作程序：

(1) 战斗员在起点线一侧 3m 处列一横队。

(2) 听到“前两名出列”的口令，1、2 号消防战斗员行进至训练塔前成立正姿势。

(3) 听到“准备器材”的口令，消防战斗员做好器材准备。

(4) 听到“预备”的口令，1、2 号消防战斗员系好安全绳，做好操作准备。

(5) 听到“开始”的口令，2 号消防战斗员双手扶住塔壁，迅速下蹲成马步，1 号消防战斗员助跑双脚跃上 2 号消防战斗员双肩，并利用 2 号消防战斗员双腿的蹬力向上跃起，然后双手抓窗台进窗后转身向外，左手抓住窗户下框，右手握住 1 号消防战斗员右手腕，借助 1 号消防战斗员的拉力，双脚蹬壁收腹跨上窗台，左手抓左侧窗边框，面向窗内站立于窗台上，同时将 2 号消防战斗员拉上窗台，然后右手抓右侧窗框，两脚左右分开，身体外倾做半蹲姿势；1 号消防战斗员双手抓上窗框，右脚踩 2 号消防战斗员大腿登上其双肩，双手扶塔壁，借助2号消防战斗员的蹬力，攀上3楼，进窗后右手迅速伸出窗外向下；2 号消防战斗员侧身站于窗台，左手抓窗上框，双脚微曲向上跃起，右手握住 1 号消防战斗员下伸的右手腕攀登上 3 楼窗台，然后按上述方法交替登上 4 楼，进入窗内举手示意喊“好”。

（6）听到“入列”的口令，1、2 号消防战斗员跑步入列。

操作安全提示：

（1）训练前必须对安全保护绳和腰带进行吊拉检验，确保安全。

（2）安全保护要谨慎，切忌疏忽大意。

（3）此操作可 3 人配合由两名消防战斗员双手交织将 1 号战斗员送上 2 楼窗台。

25. 腰斧、板斧破拆。

准备工作：

在训练场上标出起点线，距起点线 1m 处标出器材线，器材线上放置腰斧（板斧）1 把，操作线后放置门、窗、地板、天花板的其中一类（图 13）。

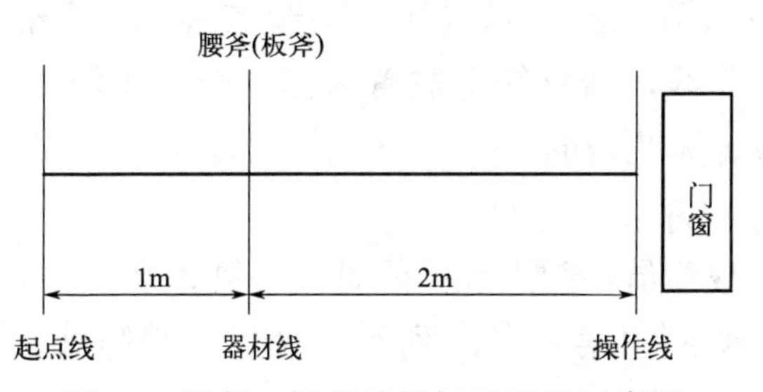

图 13　腰斧、板斧破拆场地设置示意图

操作程序：

（1）消防战斗员在起点线一侧站成一列横队。

(2) 听到“第一名出列”口令后，消防战斗员到起点线后，立正站好。

(3) 听到“准备”口令后，消防战斗员检查器材，做好准备。

(4) 听到“开始”口令后，消防战斗员在器材线处单手或双手持腰斧（双手持板斧），上身保持平衡，进行砸、撬、砍、劈等操作各两次。操作完毕后举手示意喊“好”。

(5) 听到“收操”口令后，消防战斗员将器材复位，立正站好。

(6) 听到“入列”口令后，消防战斗员跑步入列。

操作安全提示：

(1) 消防战斗员着抢险救援服。

(2) 操作前检查腰斧（板斧）是否完好。

(3) 握住斧柄部分进行操作。

(4) 操作时尽量刃口垂直于被砍物平面，以防刃口崩裂或卷曲。

26. 铁铤破拆。

准备工作：

在训练场上标出起点线，距起点线 1m、3m 处标出器材线、操作线，器材线上放置铁铤 1 个，操作线后放置门、窗、地板、天花板的其中一类（图 14）。

操作程序：

(1) 战斗员在起点线一侧站成一列横队。

(2) 听到“第一名出列”口令后，消防战斗员到起点线后，立正站好。

(3) 听到“准备”口令后，消防战斗员检查器材，做好准备。

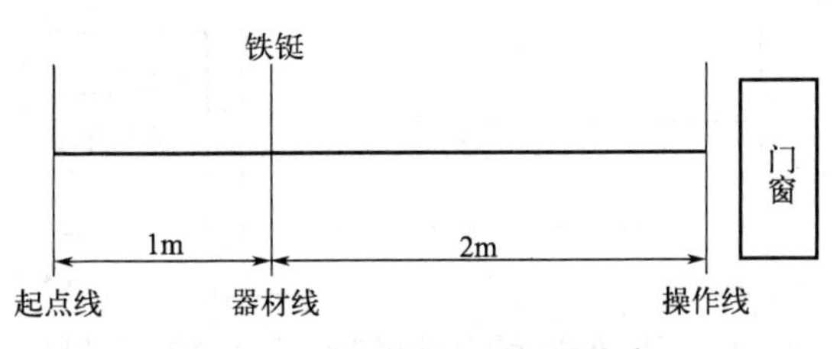

图 14 铁铤破拆场地设置示意图

(4) 听到“开始”口令后，消防战斗员携铁铤至操作线处，用铁铤一端将门（或窗、地板）破拆开。操作完毕后举手示意，立正喊“好”。

(5) 听到“收操”口令后，消防战斗员将器材复位，立正站好。

(6) 听到“入列”口令后，消防战斗员跑步入列。

操作安全提示：

(1) 消防战斗员着抢险救援服。

(2) 操作前检查铁铤的完好情况。

(3) 门窗破拆后应能打开，地板破拆长度不小于80cm。

27. 手动破拆工具组破拆。

准备工作：

在训练场上标出起点线，距起点线 1m 处标出器材线，器材线上放置手动破拆器材工具组 1 套（图 15）。

操作程序：

(1) 消防战斗员在起点线一侧站成一列横队。

(2) 听到“第一名出列”口令后，消防战斗员到起点线后，立正站好。

(3) 听到“准备”口令后，消防战斗员检查器材，做好准备。

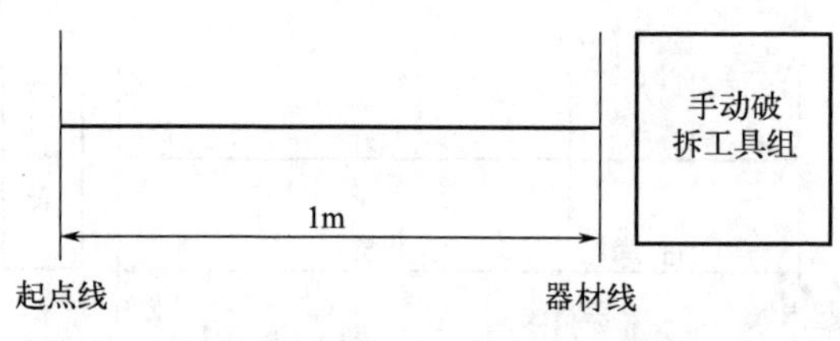

图 15　手动破拆工具组破拆场地设置示意图

（4）听到“开始”口令后，消防战斗员打开手动破拆工具组破拆器开口旋钮，选择任意刀头进行安装，拧紧开口旋钮，挂上保险，举手示意喊“好”。

（5）听到“收操”口令后，消防战斗员将器材复位，立正站好。

（6）听到“入列”口令后，消防战斗员跑步入列。

操作安全提示：

（1）消防战斗员着抢险救援服，做好个人防护。

（2）手动破拆工具组刀头必须安装牢固。

28. 无齿锯破拆。

准备工作：

在训练场上标出起点线，距起点线 1m、6m 处分别标出器材线、操作线，器材线上放置无齿锯 1 台（切割片朝前）、消防手套 1 副、防护眼镜 1 副（图 16）。

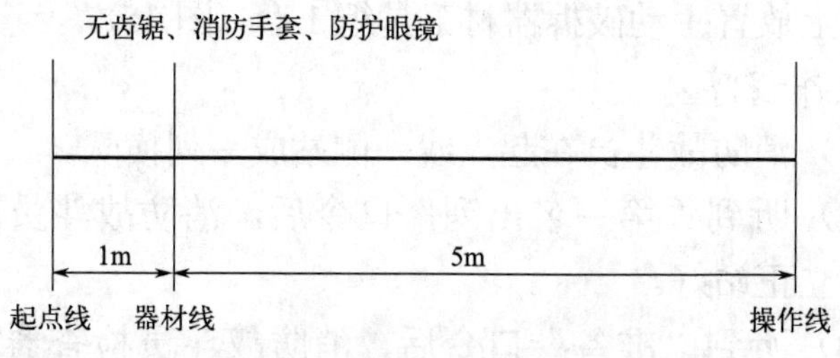

图 16　无齿锯破拆场地设置示意图

操作程序：

⑴ 消防战斗员着抢险救援服在起点线一侧 3m 处站成一列横队。

⑵ 听到“第一名出列”的口令，消防战斗员跑至起点线立正站好。

⑶ 听到“准备器材”口令后，消防战斗员答“是”，并迅速向前踢出一步，在器材线处，戴上防护眼镜（将眼镜推到脑门处，戴消防头盔不考虑防护眼镜）和消防手套，打开点火器开关，右脚踩住无齿锯的后端手柄孔，左手握住前手柄，右手抓住启动绳，拉启动绳 3~5 次，使无齿锯预热，然后返回起点线立正喊“好”。

⑷ 听到“预备”的口令，消防战斗员做好操作准备。

⑸ 听到“开始”的口令，消防战斗员提起无齿锯，跑至操作线，打开启动开关，脚踩启动手柄后端，左手握住手柄前端，右手按下减压阀，调整风门，拉拽启动绳，将无齿锯发动。戴好防护眼镜或盔罩，两脚前后站立，双手持锯，控制油门使锯片加速旋转，操作完毕后喊“好”。

⑹ 听到“收操”的口令，消防战斗员将器材复位，返回起点线立正站好。

⑺ 听到“入列”的口令，消防战斗员跑步入列。

操作安全提示：

⑴ 启动时，拉绳要平稳、迅速，防止启动绳拉断。

⑵ 启动后锯片不得触地、不得朝向人员。

29. 机动链锯破拆。

准备工作：

在训练场上标出起点线，距起点线 1m、6m 处分别标出器材线和操作线，器材线上放置机动链锯 1 台（链条朝前）、消防手套1副、防护眼镜1副（图17）。

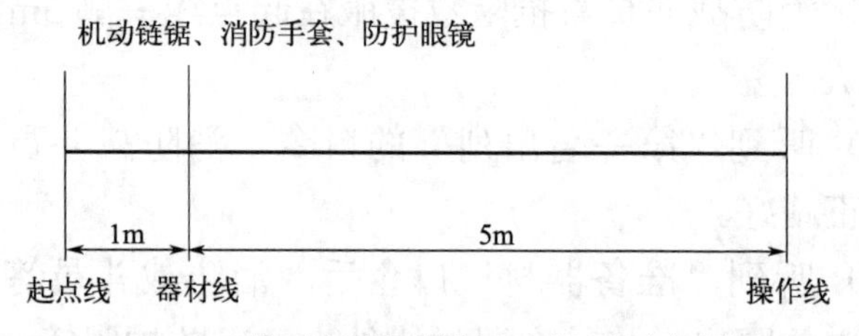

图17　机动链锯破拆场地设置示意图

操作程序：

（1）消防战斗员着抢险救援服在起点线一侧3m处站成一列横队。

（2）听到“第一名出列”的口令，一名消防战斗员答“是”，跑至起点线立正站好。

（3）听到“准备器材”口令后，消防战斗员答“是”，并迅速向前踢出一步，在器材线处，戴上防护眼镜（将眼镜推到脑门处，戴消防头盔不考虑防护眼镜）和消防手套，打开点火器开关，右脚踩住机动链锯的后端手柄孔，左手握住前手柄，右手抓住启动绳，拉启动绳3~5次，使机动链锯预热，然后返回起点线立正喊“好”。

（4）听到“预备”的口令，消防战斗员做好操作准备。

（5）听到“开始”的口令，消防战斗员提起机动链锯，跑至操作线，卸下机动链锯保险盒，打开开关，调整风门，启动机动链锯，打开保险，双手持锯，控制油门使链锯加速转动，操作完毕后喊“好”。

（6）听到“收操”的口令，消防战斗员将器材复位，返回起点线立正站好。

（7）听到“入列”的口令，消防战斗员跑步入列。

操作安全提示：

（1）启动前，应晃动机动链锯，使混合油充分混合。

（2）启动时，拉绳要平稳、迅速，防止启动绳拉断。

（3）启动后链条不得触地，发动机不得长时间空转，前方不得站人。

（4）切割前，应检查被切割物内是否有铁钉等不宜用机动链锯切割的物体。

（5）切割时应缓慢靠近被切割物，垂直于被切割物体的表面，并适当用力下压，保持稳定切割。

30. 机动双轮异向切割锯破拆。

准备工作：

在训练场上标出起点线，距起点线 1m、6m 处分别标出器材线、操作线，器材线上放置机动双轮异向切割锯 1 台、消防手套 1 副、护目眼镜 1 副（图 18）。

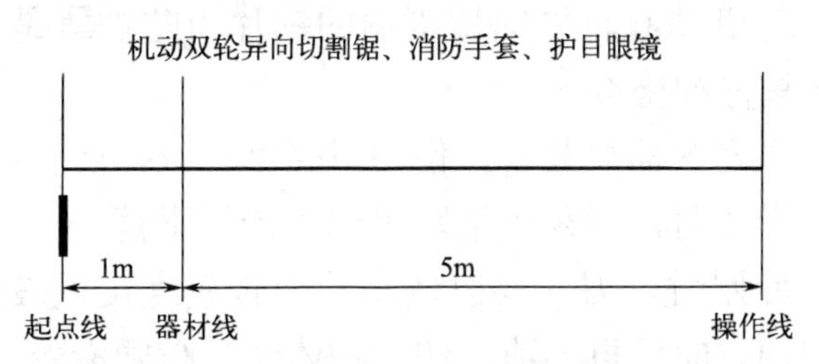

图 18　机动双轮异向切割锯破拆场地设置示意图

操作程序：

（1）消防战斗员着抢险救援服在起点线一侧 3m 处站成一列横队。

（2）听到“第一名出列”的口令，一名消防战斗员跑至起点线立正站好。

（3）听到“准备器材”口令后，消防战斗员答“是”，并迅速向前踢出一步，在器材线处，戴好手套和护目眼镜。对机动双轮异向切割锯的锯片、防护罩是否牢固及发动机燃油等进行检查；经检查，达到要求并整理好器材装备后，返回起点线立正喊“好”。

(4) 听到“预备”的口令，消防战斗员做好操作准备。

(5) 听到“开始”的口令，消防战斗员提起机动双轮异向切割锯，跑至操作线，打开启动开关，脚踩启动手柄后端，左手握住手柄前端，右手按下减压阀，调整风门，拉拽启动绳，将双轮异向切割锯发动。两脚前后站立成弓步，双手持锯，控制油门使锯片加速旋转，操作完毕后喊“好”。

(6) 听到“收操”的口令，消防战斗员将器材复位，返回起点线立正站好。

(7) 听到“入列”的口令，消防战斗员跑步入列。

操作安全提示：

(1) 对机动双轮异向切割锯的锯片、防护罩是否牢固，要进行认真仔细检查。

(2) 要爱护器材装备，使用时轻拿轻放，防止损坏。

(3) 操作时，必须戴消防手套和护目眼镜。

(4) 使用时，刀片要以较小的旋转速度接近破拆对象，待确定切割方向后再加速。切割物体时，必须沿着刀片旋转的方向切入，不能歪斜。

(5) 启动发动机时，拉绳要平稳、迅速，不宜用力过猛。

(6) 启动后锯片不得触地、不得朝向人员。

31. 电动双轮异向切割锯破拆。

准备工作：

在训练场上标出起点线，在距起点线 1m、6m 处分别标出器材线、操作线，器材线上放置电动双轮异向切割锯1台、抢险救援手套1副、护目眼镜1副（图19）。

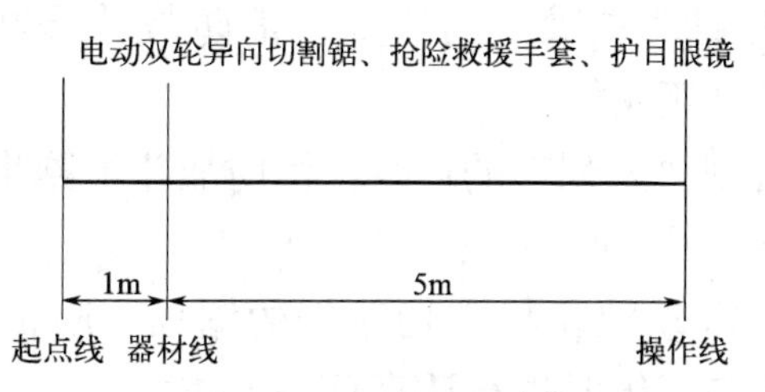

图19　电动双轮异向切割锯破拆场地设置示意图

操作程序：

(1) 消防战斗员着抢险救援服在起点线一侧3m处站成一列横队。

(2) 听到“第一名出列”的口令，一名消防战斗员跑至起点线立正站好。

(3) 听到“准备器材”口令后，消防战斗员答“是”，并迅速向前踢出一步，在器材线处，戴好手套和护目眼镜。对电动双轮异向切割锯的锯片、防护罩是否牢固和线盘是否完好等进行检查；经检查，达到要求并整理好器材装备后，返回起点线立正喊“好”。

(4) 听到“预备”的口令，消防战斗员做好操作准备。

(5) 听到“开始”的口令，消防战斗员提起电动双轮异向切割锯，跑至操作线，将电动双轮异向切割锯与操作线预设的电源相连接；两脚前后站立，上体直立，左手握住前端手柄，右手握住后端手柄；打开电源，将电动双轮异向切割锯的刀片先以较小的速度旋转30s后，再加大刀片的旋转速度（切割物体时，将切割刀片与被切物体保持垂直，先以较小的速度接近被切物体，待确定切割方向后再加速；切割过程中，必须沿着刀片旋转的方向切入，不能歪斜)；然后减速，并喊“好”。

(6) 听到“收操”的口令，消防战斗员将器材复位，返回起点线立正站好。

(7) 听到“入列”的口令，消防战斗员跑步入列。

操作安全提示：

(1) 对电动双轮异向切割锯的锯片、防护罩是否牢固和线盘是否完好等要进行认真仔细检查。

(2) 爱护器材装备，使用时轻拿轻放，防止损坏。

(3) 操作时，必须戴消防手套和护目眼镜。

(4) 使用时，刀片要以较小的旋转速度接近破拆对象，待确定切割方向后再加速。切割物体时，必须沿着刀片旋转的方向切入，不能歪斜。

(5) 按照操作规程进行操作。

32. 气动切割刀破拆。

准备工作：

在训练场上标出起点线，在距起点线 1m、6m 处分别标出器材线、操作线，在器材线上放置气动切割刀（气瓶、减压阀、高压管、切割刀）1 套、防护手套 1 副、防护镜 1 副（图 20）。

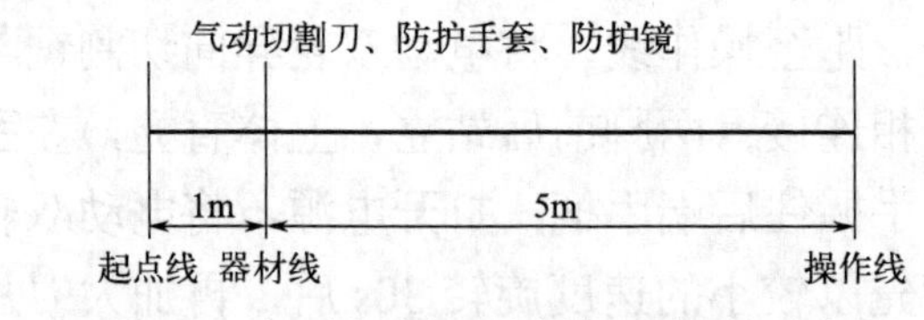

图 20　气动切割刀破拆场地设置示意图

操作程序：

(1) 消防战斗员穿着抢险救援服（戴头盔），在起点线一侧3m处站成一列横队。

(2) 听到“第一名出列”的口令，一名消防战斗员跑至起点线立正站好。

(3) 听到“准备器材”的口令，消防战斗员答“是”，并迅速向前踢一步，在器材线处，戴好手套和防护镜，对气动切割刀（气瓶、减压阀、高压管、切割刀）进行检查。经检查，达到要求，并整理好器材装备后，返回起点线，成立正姿势，举手示意喊“好”。

(4) 听到“预备”的口令，消防战斗员做好操作准备。

(5) 听到“开始”的口令，消防战斗员迅速向前踢出一步，在器材线处，将气瓶、减压阀、高压管、切割刀连接好，选择切割玻璃或金属的刀片，装入切割器内，打开气瓶，调整减压阀压力为8～10bar（巴）；手持切割器（如果切割玻璃时，应先将玻璃击出一个小孔），按住切割器手柄开关，开始工作。操作完毕后，战斗员在操作区成立正姿势，举手示意，喊“好”。

操作安全提示：

(1) 检查器材要认真仔细。

(2) 连接气瓶、减压阀、压力表、高压管、切割刀要牢固。

(3) 操作时，必须戴消防手套和护目眼镜。

(4) 选择切割玻璃或金属的刀片要与被切割件相符。

(5) 操作时，必须用切割刀另一端将物体打个洞，且切割刀与切割物必须保持45°角。

(6) 刀片螺钉要拧紧。

33. 气动破门器操作。

准备工作：

在训练场上标出起点线，在距起点线1m、6m处分别标出器材线、操作线，器材线放置气动破门器 1 套和手套 2 副；在操作区放置金属卷帘门 1 扇（图 21）。

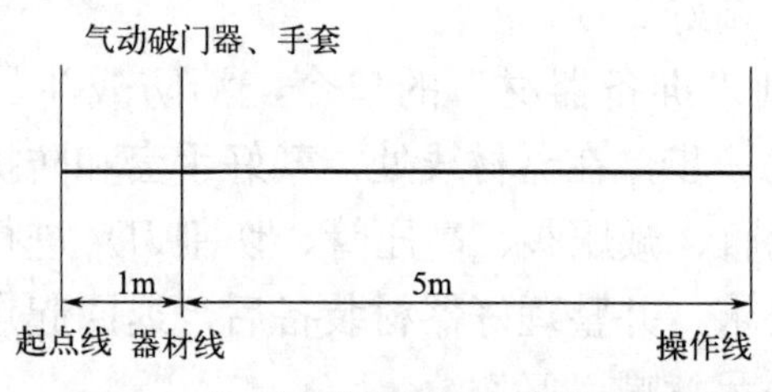

图 21　气动破门器操场地设置示意图

操作程序：

⑴ 两名战斗员行进至起点线做好操作准备。

⑵ 听到“预备——开始”的口令，各自穿戴好防护装备，1 号消防战斗员携带破拆枪及枪头若干。2 号消防战斗员携带减压装置及气瓶，跑步至操作区，1 号消防战斗员协助 2 号消防战斗员连接好气瓶、减压器及破拆枪，然后开始操作，完毕后举手喊“好”。

操作安全提示：

⑴ 操作前必须做好个人防护。

⑵ 根据情况合理选择枪头。

⑶ 操作时，必须穿好防护服，戴好防护眼镜和手套。

34. 电钻电锤破拆。

准备工作：

在训练场上标出起点线，在起点线前 1m、6m 处分别标出器材线和操作线。在器材线上放置电钻电锤各 1 把、钻头 2 个及移动发电机 1 台、电缆线（220V）1 架、多用插座 1 个、防护面罩 2 个、真皮手套 2 副（图 22）。

操作程序：

⑴ 3 名消防战斗员行进至起点线做好操作准备。

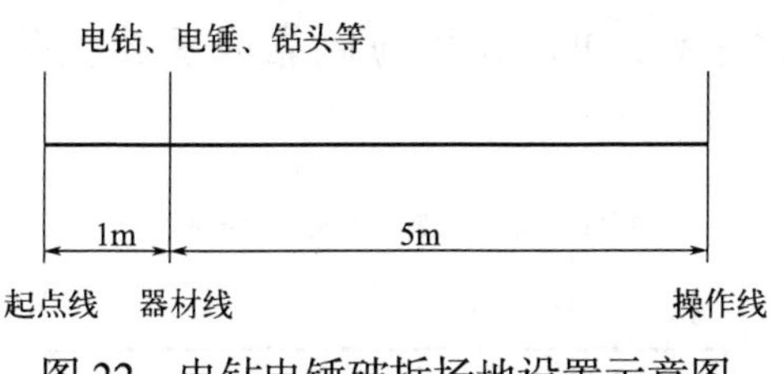

图 22　电钻电锤破拆场地设置示意图

(2) 听到“开始”的口令，3 名消防战斗员迅速向前，1 号消防战斗员拿电钻和多用插座，2 号消防战斗员拿电锤跑至操作线放下，并将电钻电锤插头与多用插座相接，同时 3 号消防战斗员将电缆线一头拉至操作线插入多用插座，关上保险，然后跑回发电机处，将电缆线另一头插入发电机电源插座，拉启动绳，启动发电机，随后 1、2 号消防战斗员手持电钻和电锤，按启动开关，开始工作，操作完毕后举手喊“好”。

操作安全提示：

(1) 各接头要牢固，注意用电安全。

(2) 操作时，思想集中，使身体保持平衡，两手紧握手柄，避免在卡钻瞬间电钻电锤摇摆。

(3) 操作现场禁止无关人员进入。

(4) 在湿热、雨雾以及爆炸性或腐蚀性气体等特殊环境场所禁止使用。

35. 氧气切割器操作。

准备工作：

在训练场上标出起点线，在起点线前 1m、6m 处分别标出器材线和操作线。在器材线上放置氧气切割器 1 个（气瓶压力不得小于 12MPa），氧气切割器气瓶朝下背拖朝上，气阀火枪朝后，胶靴 1 双、手套 1 副、防护眼镜 1 副，操作区内放置铁板1块，铁板应侧靠或平放在防火的物体上(图23)。

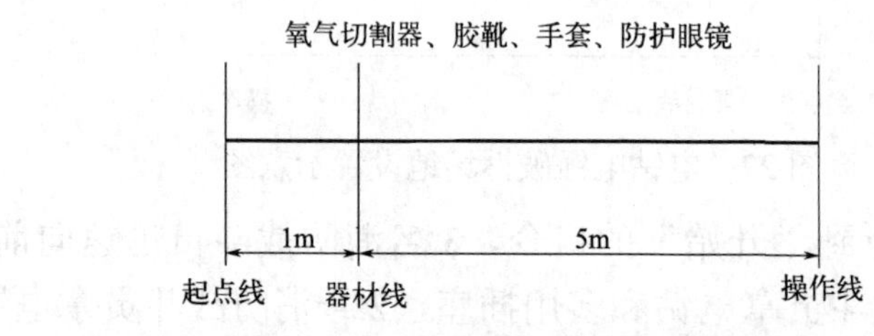

图23　氧气切割器操场地设置示意图

操作程序：

(1) 消防战斗员着抢险救援服在起点线一侧3m处站成一列横队。

(2) 听到“第一名出列”的口令，一名消防战斗员跑至起点线立正站好。

(3) 听到“准备器材”口令后，消防战斗员答“是”，并迅速向前踢出一步，在器材线处，戴好手套和护目眼镜。对氧气切割器进行检查，达到要求并整理好器材装备后，返回起点线立正喊“好”。

(4) 听到“预备——开始”的口令，消防战斗员左脚向前一步，右膝跪地，背好气瓶，扣牢腰带，连接氧气切割器，戴好手套、防护眼镜，按下火枪的气体释放按钮，使氧气开始送出，并把切割杆呈45°角接触点火器表面，慢慢前后推动切割杆，切割杆会在1~2s内发出火花，继续按下火枪的气体释放按钮，使切割杆完全点燃起来，再把火枪和点火器分开，右手按气体释放按钮，使氧气充分送出，然后对准铁板按照切割线进行切割。等切割完毕后，关闭各处开关，举手喊“好”。

操作安全提示：

(1) 在切割杆只剩下5cm时，应停止使用。

(2) 操作前，必须戴上强光防护眼镜，切割时，要避免引燃周围可燃物。

(3) 气瓶阀门必须慢慢开启，不要将火花接触到氧气瓶及喉管。

36. 玻璃破碎器操作。

准备工作：

在训练场上标出起点线，距起点1m、6m处分别标出器材线、操作区，在器材线上放置1套电动双轮异向切割锯、1套玻璃破碎器；在操作区放置1块玻璃（图24）。

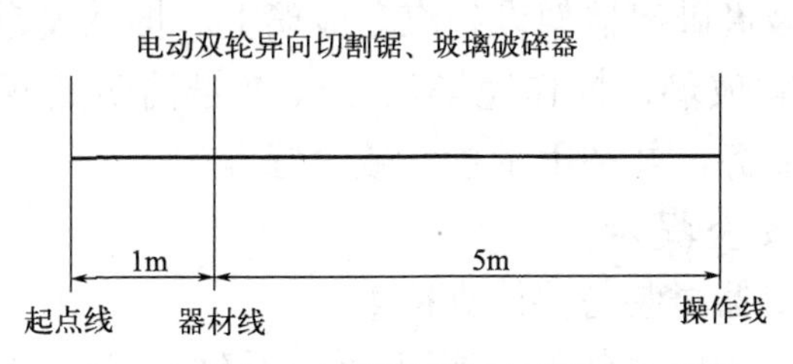

图24　玻璃破碎器操作场地设置示意图

操作程序：

(1) 消防战斗员着抢险救援服在起点线一侧3m处站成一列横队。

(2) 听到"前两名出列"的口令，两名消防战斗员跑至起点线处，成立正姿势站好。

(3) 听到"准备器材"的口令，两名消防战斗员答"是"，并迅速向前踢出一步，在器材线处，戴好手套和护目眼镜。1号消防战斗员对玻璃破碎器和电线卷盘进行检查，2号消防战斗员对电动双轮异向切割锯进行检查，达到要求并整理好器材装备后，1、2号消防战斗员一起返回起点线，成立正姿势，举手示意，喊“好”。

（4）听到“预备——开始”的口令，1、2号消防战斗员迅速到达器材线处，1号消防战斗员携带玻璃破碎器和电线卷盘、2号消防战斗员携带电动双轮异向切割锯一起跑向操作区；到达操作区后，1号消防战斗员将电线卷盘与电源连接，2号消防战斗员先将电动双轮异向切割锯与电线卷盘连接，然后操作电动双轮异向切割锯在汽车的两个A柱上各切两个间距大约为10cm的切口（确保仪器板和挡风玻璃之间留有足够的空间放置玻璃破碎器的底缸）；1号消防战斗员在2号消防战斗员对汽车玻璃完成切口后，拿起玻璃破碎器，将玻璃破碎器架设到汽车玻璃上，推动夹钳并来回摇动手柄切割玻璃；操作完毕后，1、2号消防战斗员在操作区成立正姿势，并举手示意，喊“好”。

操作安全提示：

（1）对器材装备要认真检查。

（2）爱护器材装备，使用时轻拿轻放，防止损坏。

（3）操作时，必须戴消防手套和护目眼镜。

（4）操作过程中，两名消防战斗员要相互配合。

37. 手持钢筋速断器破拆。

准备工作：

在训练场上标出起点线，距起点线前1m、5m处分别标出器材线和操作线。器材线放置手持钢筋速断器1台及钢筋1截（图25）。

操作程序：

（1）消防战斗员穿着灭火防护服或抢险救援服（含头盔），在起点线一侧3m处站成一列横队。

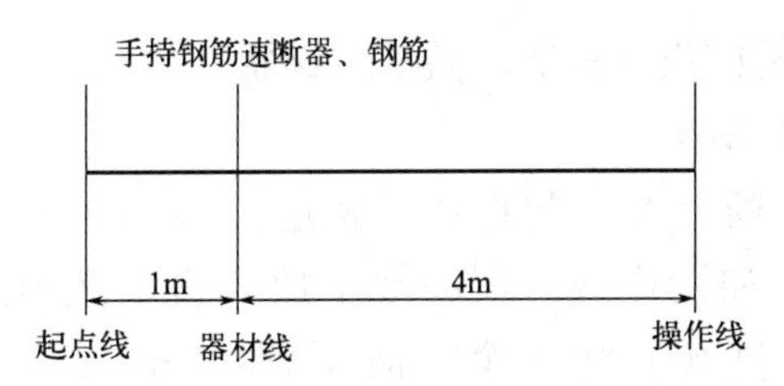

图 25　手持钢筋速断器破拆场地设置示意图

(2) 听到“第一名出列”的口令，一名消防战斗员跑至起点线立正站好。

(3) 听到“准备器材”的口令，消防战斗员答“是”，并迅速向前踢出一步，在器材线处，对充电式手持钢筋速断器的电池电量是否充足和切割刀安装是否牢固进行检查，器材达到要求后，返回起点线，成立正姿势，举手示意，喊“好”。

(4) 听到“预备”的口令，消防战斗员做好操作准备。

(5) 听到“开始”的口令，消防战斗员迅速向前踢出一步，在器材线处，手提钢筋速断器把柄，将钢筋放入速断器两个叶片之间的C形框内，使钢筋与叶片成90°，然后根据钢筋的直径调紧螺钉（把钢筋嵌入两个叶片底部），打开开关，切割刀开始剪切钢筋，钢筋被切断后，消防战斗员成立正姿势，举手示意喊“好”。

操作安全提示：

(1) 操作规程要正确。

(2) 器械使用要轻拿轻放。

(3) 钢筋要嵌入两个叶片底部。

(4) 使用前应先检查电压是否充足，开关等地方是否好用。

38. 液压扩张（剪切、剪扩）破拆。

准备工作：

在训练场上标出起点线，距起点线前 1m、5m 处分别标出器材线和操作线。器材线上放置机动液压泵 1 台、扩张（剪切、剪扩）器 1 个、液压管（5m）1 套、护目镜 1 副（图 26）。

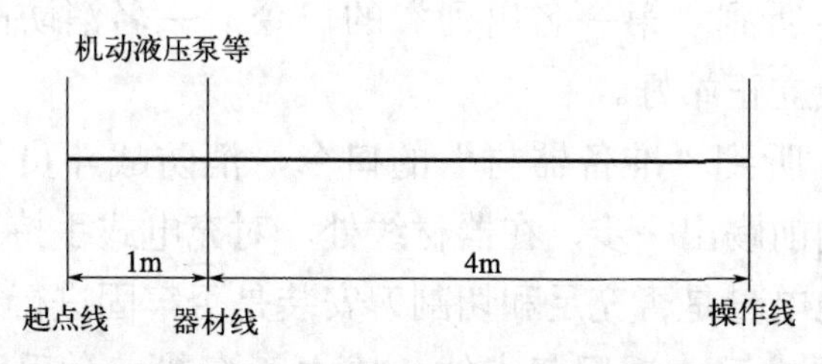

图 26　液压扩张（剪切、剪扩）破拆场地设置示意图

操作程序：

（1）消防战斗员在起点线一侧站成一列横队。

（2）听到“前两名出列”口令后，两名消防战斗员答“是”，跑至起点线检查器材装备，做好操作准备。

（3）听到“开始”口令后，1 号消防战斗员携带扩张（剪切、剪扩）器和液压管，跑至操作线，连接扩张（剪切、剪扩）器与液压管接头，戴好护目镜，持扩张（剪切、剪扩）器做好操作准备；2 号消防战斗员携带液压泵至操作线前 4m 处，连接第一名留下的液压管接头与液压泵，启动液压泵供油；1 号消防战斗员操作扩张（剪切、剪扩）器，使钳头扩张至最大角度后合拢，举手示意喊“好”。

（4）听到“收操”的口令，消防战斗员将器材复位，返回起点线立正站好。

（5）听到“入列”的口令，消防战斗员跑步入列。

操作安全提示：

（1）消防战斗员穿戴救援头盔、抢险救援服、救援靴、救援手套。

（2）操作时要防止接头盒防尘帽污损。

（3）液压管连接要同色相连、轻插慢拔。

（4）合拢时扩张（剪切、剪扩）器不得完全闭合。

39. 便携式电动两用钳破拆。

准备工作：

在训练场上标出起点线，距起点线前1m、5m处分别标出器材线和操作线。在器材线上放置便携式电动两用钳1台、手套1副、护目眼镜1副，在终点线上放置1个障碍物（图27）。

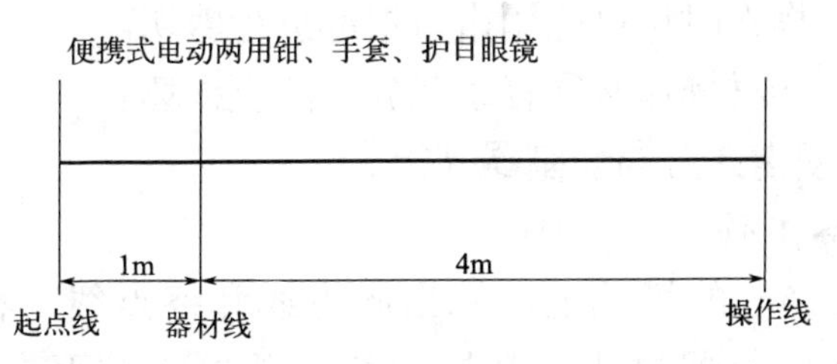

图27　便携式电动两用钳破拆场地设置示意图

操作程序：

（1）消防战斗员在起点线右侧3m处成一列横队跨立站好。

（2）听到“第一名出列”的口令，第一名答“是”并跑到起点线上，面对器材立正喊“好。

（3）听到“准备器材”的口令，答“是”，并正步向前踢一步，然后单膝跪地检查准备器材，戴好手套和护目眼镜，立正口头报告器材的完好情况，而后往回正步向前踢一步到原位立正喊“好”。

（4）听到“开始”的口令后，消防战斗员迅速向前，拿起电动两用钳，背在肩上，迅速跑向操作线，将手柄调节好，按下开关，对物品进行剪切，完毕后举手喊“好”。

（5）听到“收操”的口令时，消防战斗员迅速将器材收回，站回起点线上喊“好”。

（6）听到“入列”的口令，消防战斗员答“是”，并跑步入列。

操作安全提示：

（1）操作时要戴好手套和护目眼镜，防止操作时人员手部和眼部受伤。

（2）操作时尽可能用钳口根部进行剪切。

（3）器材操作必须轻拿轻放，防止损坏。

40. 便携式万向切割器破拆。

准备工作：

在长5m的场地上，标出起点线和终点线，在起点线前1m处标出器材线，在器材线上放置1把万向切割器、1条液压管、1个手动液压泵、2副手套、1副护目眼镜（图28），在操作线上放置1个障碍物。

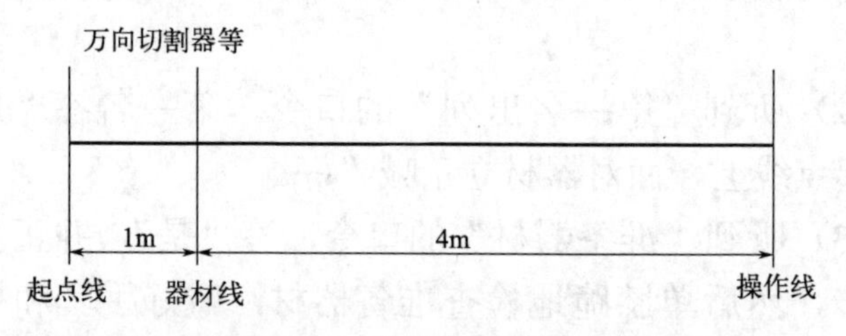

图28　便携式万向切割器破拆场地设置示意图

操作程序：

(1) 消防战斗员在起点线右侧 3m 处成一列横队跨立站好。

(2) 听到“前两名出列”的口令，前两名答“是”，并跑到起点线上，面对器材自行立正，由第一名喊“好”。

(3) 听到“准备器材”的口令，两名消防战斗员一齐答“是”，并正步向前踢一步，然后单膝跪地检查准备器材，戴好手套和护目眼镜，立正口头报告器材的完好情况，而后各自往回正步向前踢一步到原位立正，由第一名喊“好”。

(4) 听到“开始”的口令，两名消防战斗员迅速向前踢一步，1 号消防战斗员迅速把便携式万向切割器和液压管拿到障碍物前方适当位置，迅速放开液压管将接口交给 2 号消防战斗员连接，然后迅速跑回连接好便携式万向切割器，做好破拆准备；2 号消防战斗员拿手动液压泵到指定操作线处，连接好液压管，当见到 1 号消防战斗员“开始”手势时打开液压泵开关开始破拆，破拆完毕后，当见到 1 号消防战斗员“停止”手势时关闭液压开关，完毕后 1 号消防战斗员举手喊“好”。

(5) 听到“收操”的口令，消防战斗员迅速将器材收回，站回起点线上排成一列，由第一名喊“好”。

(6) 听到“入列”的口令，消防战斗员齐答“是”，并跑步入列。

操作安全提示：

(1) 操作时要戴好手套和护目眼镜，防止人员手部和眼部受伤。

(2) 操作时液压管接口必须要接牢，防止漏油和灰尘进入。

（3）尽量使剪切刀头与被剪切物成 90°。

（4）实际应用中，不要用切割器剪切强化处理过的钢材，否则会导致剪切刀头的损坏。

（5）在工作空间允许的条件下，尽量将剪切钳开至最大，并用剪切钳刀头的根部开始剪切工作。

41. 液压顶杆操作。

准备工作：

在训练场上标出起点线，距起点线 1m、6m 处标出器材线、操作线。器材线上放置液压顶杆 1 套、液压泵 1 台、手套 2 副，操作区内设重物 1 个（图 29）。

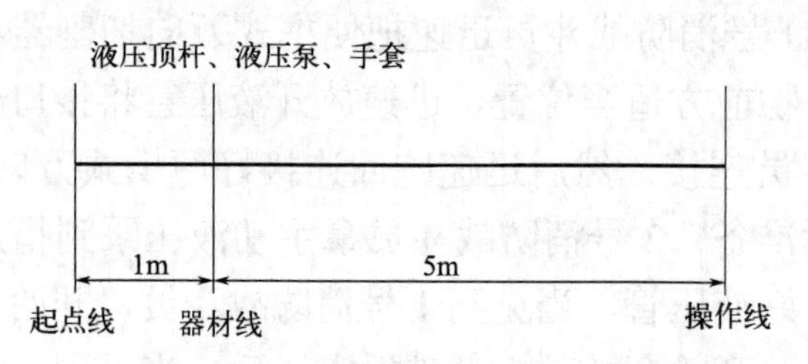

图 29　液压顶杆操作场地设置示意图

操作程序：

（1）两名消防战斗员行进至起点线做好操作准备。

（2）听到“预备——开始”的口令，1 号消防战斗员携带液压顶杆到操作区，待 2 号消防战斗员施放液压管过来后，一起把液压接头接好并打开保险，然后在 2 号消防战斗员的协助下负责将支撑物撑起。

（3）2 号消防战斗员把液压管施放至操作区，协助 1 号消防战斗员把接头接好，返回器材线负责启动液压泵，并根据前方需要控制泵上两个液压油开关。

(4) 1、2号消防战斗员可以根据所撑高度的需要，在转向另一根顶杆直到所顶高度满足后，喊“好”。

操作安全提示：

(1) 操作中后方操作手要随时与前方操作手保持联系，第一名要找准支撑点，两人要配合默契。

(2) 液压顶杆的固定支撑和活动支撑上带有防滑齿，在工作中应使它们与被扩张对象接触牢固。

(3) 由于顶杆活塞行程较长，在使用中应注意保护，防止被硬物划伤，造成漏油；

严禁对软管进行强烈的弯曲，以免损坏软管。

42. 开门器破拆。

准备工作：

在训练场上标出起点线，在距起点线1m、6m处分别标出器材线、操作线，在器材线上放置开门器1个、小锤子1把、撬棒1根、手套2副，操作区内设置1个铁箱（假设卷帘门）（图30）。

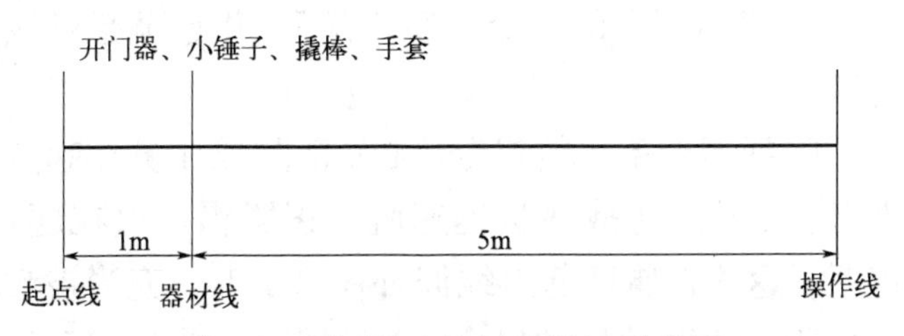

图30 开门器破拆场地设置示意图

操作程序：

(1) 两名消防战斗员行进至起点线做好操作准备。

(2) 听到“预备——开始”的口令，战斗员按照操作要求戴好手套，拿起各自分工的器材（1号消防战斗员拿锤子、撬棒，2号消防战斗员拿开门器），跑到操作区内破拆卷帘门的前方。

(3) 1号消防战斗员先判断卷帘门的立脚点位置(两端,还是中间),然后用撬棒撬开一个裂缝并用小锤击打开门器根部,使其紧顶卷帘门的立脚点,举手喊加压,当卷帘门顶起后,再喊泄压。动作完成喊“好”。

操作安全提示:

(1) 加压时液压线管严禁打结。

(2) 操作时严格按照操作程序进行。

(3) 选定撬门部位要准确,液压接头连接要紧密。

43. 抱式救人。

准备工作:

在平地上标出起点线,起点线前15m标出折返线。起点线和折返线前各铺设1块垫子。

操作程序:

(1) 消防战斗员在起点线一侧3m处站成一列横队。

(2) 听到“前两名”的口令,前两名消防战斗员答“到”,听到“出列”的口令,答“是”,并跑至起点线处成立正姿势。

(3) 听到“准备”的口令,1号消防战斗员在起点做好操作准备;2号消防战斗员迅速脱下迷彩帽,放在起点线,然后跑至折返线,脚朝起点线仰卧在垫子上,充当被救者。

(4) 听到“开始”的口令,1号消防战斗员跑至折返线垫子处,检查被救者的身体情况,完毕后到被救者左侧,右膝跪地,右手伸入被救者头后部,将其上体扶起,将被救者左臂搭在自己肩上;右手搂其背部,左手抱其双腿将被救者抱起至起点线垫子处,单膝跪地,将被救者轻放于垫子上,举手示意并喊“好”(图31)。

图 31　抱式救人示意图

操作安全提示：

救人动作要规范、正确，力度要适中；放置被救者要轻。

44. 背式救人。

准备工作：

在平地上标出起点线，起点线前 15m 标出折返线。起点线和折返线前各铺设 1 块垫子。

操作程序：

（1）消防战斗员在起点线一侧 3m 处站成一列横队。

（2）听到“前两名”的口令，前两名消防战斗员答“到”，听到“出列”的口令，答“是”，并跑至起点线处成立正姿势。

（3）听到“准备”的口令，1 号消防战斗员在起点做好操作准备；2 号消防战斗员迅速脱下迷彩帽，放在起点线，然后跑至折返线处，脚朝起点线仰卧在垫子上，充当被救者。

（4）听到“开始”的口令，1 号消防战斗员跑至折返线垫子处，检查被救者的身体情况，完毕后将被救者右腿向外分开，两臂向上分开与肩成一线，然后侧卧在被救者左侧，两人背胸相靠，将被救者的右腿搭在其右腿上，右手握其右手腕，用力翻身转体使被救者俯卧在背上，左臂支撑地面的同时右腿屈膝跪地，左脚向前跨步，右脚蹬地挺身起立，双手搂住被救者的双腿，救至起点线垫子处；身体下蹲，使被救者双脚着地，左手抓住其右臂，身体向后转 180°，面对被救者，右手从其右腋下伸向背部；同时右脚在其左侧向前跨一步，将其臀部着垫坐下，左手扶其头后部，将其轻放于垫子上，举手示意并喊“好”(图 32)。

图 32　背式救人示意图

操作安全提示：

救人动作要规范、正确，力度要适中；放置被救者要轻。

45. 肩式救人。

准备工作：

在平地上标出起点线，起点线前 15m 标出折返线。起点线和折返线前各铺设 1 块垫子。

操作程序：

（1）消防战斗员在起点线一侧3m处站成一列横队。

（2）听到“前两名”的口令，前两名消防战斗员答“到”，听到“出列”的口令，答“是”，并跑至起点线处成立正姿势。

（3）听到“准备”的口令，1号消防战斗员在起点做好操作准备；2号消防战斗员迅速脱下迷彩帽，放在起点线，然后跑至折返线，脚朝起点线仰卧在垫子上，充当被救者。

（4）听到“开始”的口令，1号消防战斗员跑至折返线垫子处，检查被救者的身体情况，完毕后将被救者双腿向外分开，然后到被救者左侧，右膝跪地，右手伸入被救者头后部，将其上体扶起，将被救者左臂搭在自己肩上，左手握被救者的左手腕，右手抓住其后腰带，全身协调用力托住被救者，同时站起，右手扶其腰部，而后右腿跨步插入被救者的两腿之间，身体下蹲使被救者的前胸靠在右肩上，右手从被救者的两腿之间穿过抱住其左大腿并握住左手腕，两腿用力，直体起立，肩负至起点线垫子处；成弓步上体前倾，使被救者双脚着地，左手抓住其左手腕，右手从其右腋下伸向背部，右前臂挽住其上体，右腿前跨一步，将其臀部着垫坐下，左手扶其头后部，将其轻放于垫子上，举手示意并喊“好”。

操作安全提示：

救人动作要规范、正确，力度要适中；放置被救者要轻。

46. 抬式救人。

准备工作：

在平地上标出起点线，起点线前15m标出折返线。起点线和折返线前各铺设 1 块垫子。

操作程序：

(1) 消防战斗员在起点线一侧 3m 处站成一列横队。

(2) 听到“前三名”的口令，前三名消防战斗员答“到”，听到“出列”的口令，答“是”，并跑至起点线处成立正姿势。

(3) 听到“准备”的口令，1、2 号消防战斗员在起点做好操作准备；3 号消防战斗员迅速脱下迷彩帽，放在起点线，然后跑至折返线，脚朝起点线仰卧在垫子上，充当被救者。

(4) 听到“开始”的口令，1、2 号消防战斗员跑至折返线垫子处，检查被救者的身体情况，完毕后 2 号消防战斗员到被救者双腿左侧，将其两腿交叉重叠在一起，将右手插入其两膝下抱住；1 号消防战斗员到被救者头部右膝跪地，双手伸入被救者的腋下，将其上体扶起，而后双手伸入其腋下至前胸，抓住被救者手腕和小臂，随后两人协力将被救者抬起，救至起点线轻放于垫子上，举手示意并喊“好”。

操作安全提示：

救人动作要规范、正确，力度要适中；放置被救者要轻。

47. 结节（系扣）

准备工作：

在平地上放置安全绳 1 根。

操作程序：

(1) 半结：受训人员做好操作准备。听到“开始”的口令，受训人员将绳索做成绳圈，将绳的一端在结绳杆上做绳圈，然后将绳圈收紧，举手示意并喊“好”(图 33)。

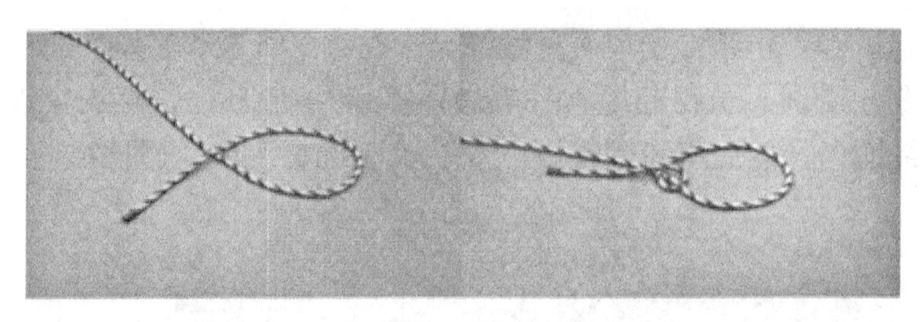

图 33　半结

（2）单结：受训人员做好操作准备。听到“开始”的口令，受训人员提起绳子一端做一绳圈，将绳头穿入圈内拉紧，举手示意并喊“好”（图 34）。

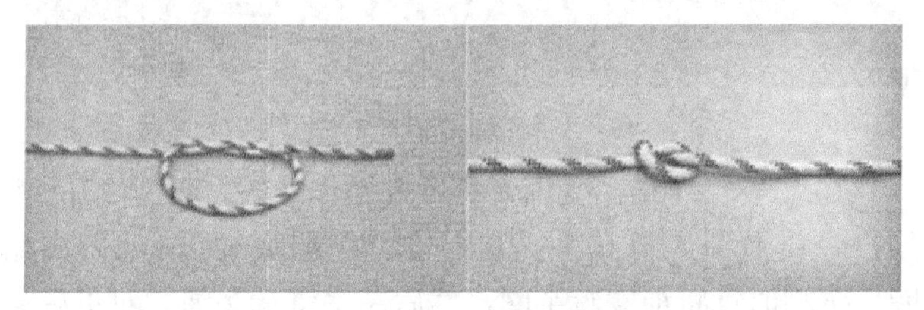

图 34　单结

（3）双股单结：受训人员做好操作准备。听到“开始”的口令，受训人员拿起绳索对折成双股，然后做成绳圈，将双股绳索穿入绳圈内收紧，举手示意并喊“好”（图 35）。

图 35　双股单结

（4）止结：受训人员做好操作准备。听到“开始”的口令，受训人员提起绳索一端做一“8”字形环，将端头穿入绳圈内，然后将绳索收紧，举手示意并喊“好”（图 36）。

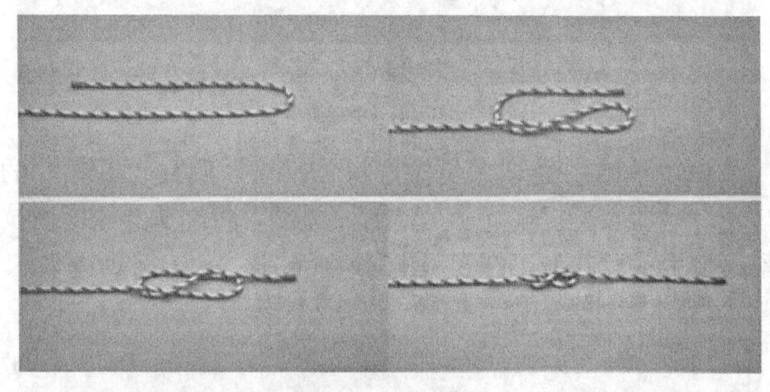

图 36　止结

（5）“8”字结：受训人员做好操作准备。听到“开始”的口令，受训人员右手提起绳索，在端头约 1m 处做成绳圈，按顺时针将绳圈转半圈，然后左手将端头绳索对折后穿入绳圈内收紧，举手示意并喊“好”（图 37）。

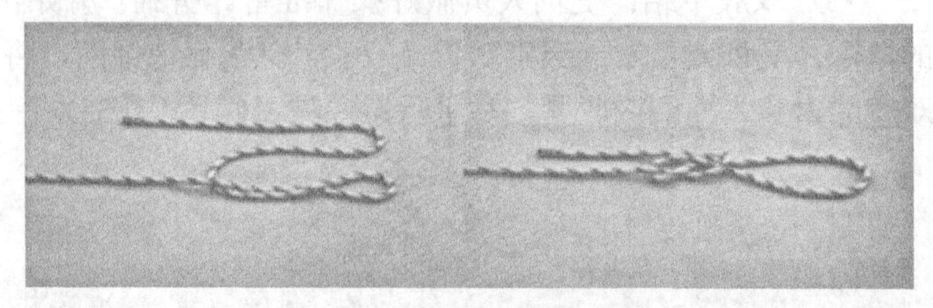

图 37　“8”字结

（6）双股“8”字结：受训人员做好操作准备。听到“开始”的口令，受训人员拿起绳索对折成双股，然后主绳一端反转 360° 做成绳圈，将双股绳索穿入绳圈内收紧，举手示意并喊“好”（图 38）。

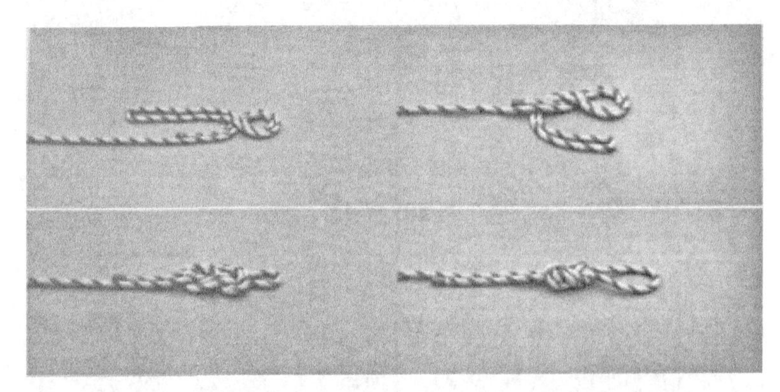

图 38　双股“8”字结

操作安全提示：

（1）动作要正确、熟练。

（2）半结是用于连接物体和传递物体的一种结法，一般不能单独使用。

（3）单结不易解开，常用于保护绳尾绳的固定，防止脱落，一般不单独使用。

48. 结着（捆绑结绳）。

准备工作：

在平地上放置安全绳、结绳杆各 1 根。

操作程序：

（1）卷结：受训人员做好操作准备。听到“开始”口令，受训人员在绳索中间做成两个绳圈，并将两个绳圈重叠套入结绳杆，收紧结绳杆两侧绳索，举手示意并喊“好”（图 39）。

（2）双绕双结：受训人员做好操作准备。听到“开始”的口令，受训人员将绳索在结绳杆上环绕两圈，然后将一端在另一端上打“8”字扣后收紧，举手示意并喊“好”（图 40）。

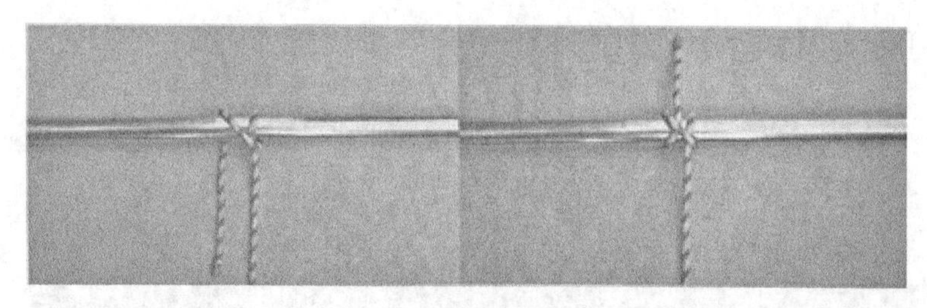

图 39　卷结

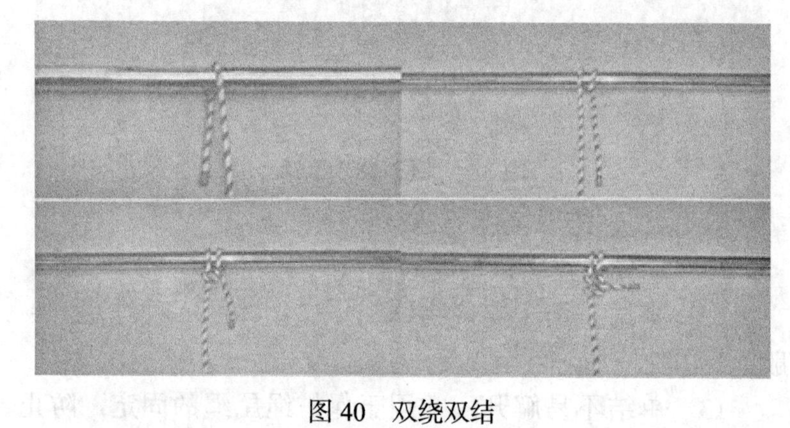

图 40　双绕双结

（3）捻结：受训人员做好操作准备。听到“开始”的口令，受训人员提起绳索的一端绕于结绳杆上，打成止结，将绳索的余长反复环绕于结绳杆的绳索上，举手示意并喊“好”（图 41）。

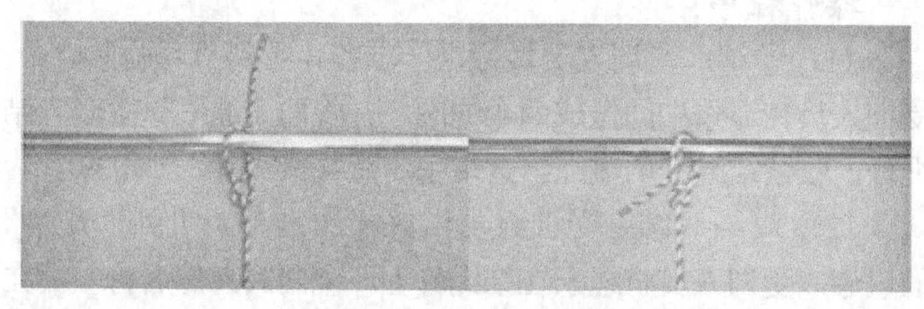

图 41　捻结

⑷ 交叉连结：受训人员做好操作准备。听到“开始”的口令，受训人员提起绳索的一端在固定物上环绕一圈，使绳圈重叠，再将绳索绕一圈，并将绳头穿过圈内收紧，举手示意并喊“好”（图 42）。

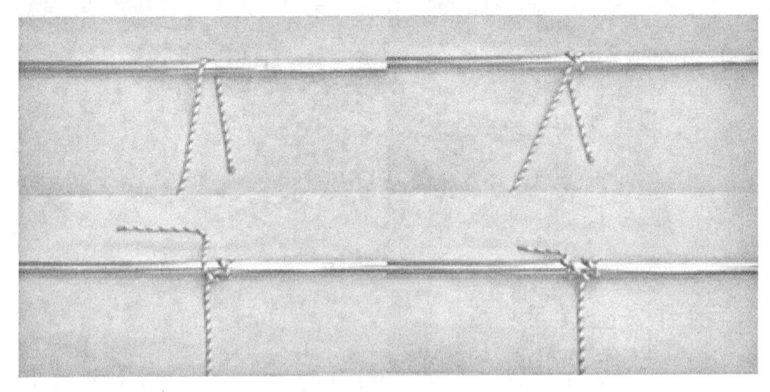

图 42　交叉连结

⑸ 纤绳连结：受训人员做好操作准备。听到“开始”的口令，受训人员提起绳索在接近圆木材的顶端打成半结，将绳索的余长打成捻结，举手示意并喊“好”（图 43）。

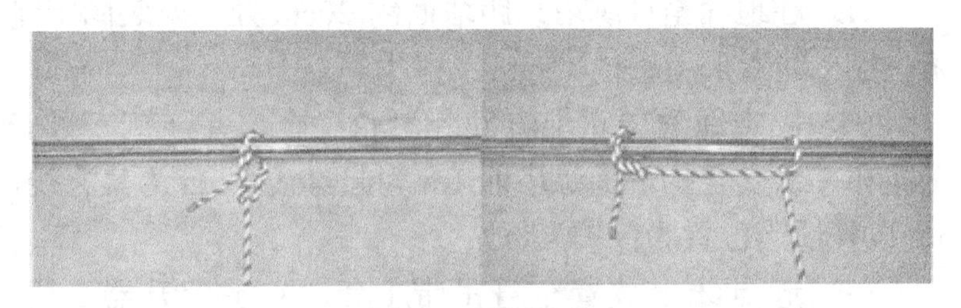

图 43　纤绳连结

⑹ 锚结：受训人员做好操作准备。听到“开始”的口令，受训人员用左手握住绳子端头，用右手握住末端，在固定物上将绳的末端盘绕两次；将盘绕后的绳索末端从固定

物上穿悬在左侧；将绳的末端（图 44）穿过，勒紧即可。

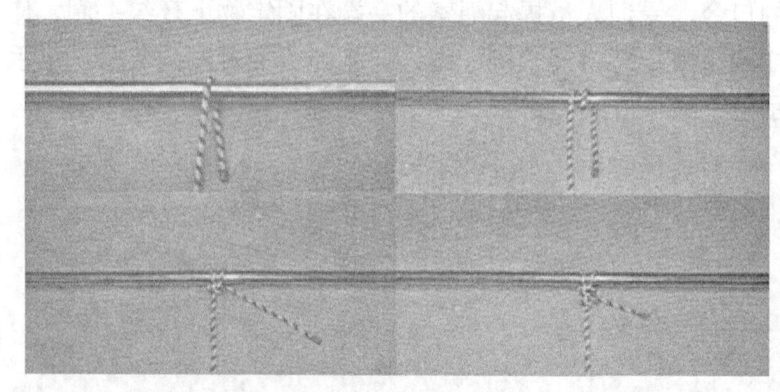

图 44　锚结

操作安全提示：

⑴ 动作要正确、熟练。

⑵ 结扣要牢固。

⑶ 绳索端头长度不少于 20cm。

49. 上升攀登单绳索。

准备工作：

⑴ 在地面至训练塔顶距塔面约 20cm 处，安装固定绳索一根，绳索采用直径 11mm 的静力绳。

⑵ 固定绳索的正上方安装滑轮一个，并连接一根安全绳和一个安全钩，训练塔前 1m 为起点线，5m 为集合线，5m 以外适当位置为保护人员站立线。

⑶ 起点线上放置全身吊带 1 套，左手上升器 1 只，右脚上升器 1 只，胸式上升器 1 只，鞠绳（胸部保护短绳）1 根，D 形环 1 个，O 形环 1 个。

操作程序：

⑴ 受训人员行进至起点线，在保护人员的帮助下佩

戴好全身吊带，并分别将左手上升器、胸式上升器和右脚上升器固定在单绳索上；用O形环连接鞠绳把手、上升器和全身吊带，用D形环保护脚式上升器，挂好O形环钩；双手握住左手上升器，右脚固定在绳索上，左脚掌轻触塔面控制好身体，听到“预备”的口令，受训人员双手握住左手上升器使胳膊伸直，做好操作准备。

⑵ 听到“开始”的口令，受训人员双手握住左手上升器，以借助劈手，同时右腿一起用力提起；左脚脚掌轻触塔面控制好身体，开始向上攀登；攀登至指定楼层后，受训人员先卸下胸式上升器，移动身体使左脚站立在窗台上，再分别卸下D形环、右脚上升器和左手上升器，手扶窗框迅速进入窗口，面向窗外站立，举手示意并喊“好”（图45）。

图45　上升攀登单绳索

操作安全提示：

⑴ 操作前要严格其连接点，确保训练器材安全好用。

⑵ 受训人员攀登时要挺胸收腹，眼睛向上看，身体紧贴绳索，左脚脚掌轻触塔（墙）面控制好身体，防止身体绕绳索转动；右脚上升器要通过绳索固定在踝关节内侧，并

用D形钩保险固定，以免脚上升器脱离绳索；双手向上推时，右脚向正下方用力蹬；双手向下拉时，借助腹部肌肉的力量，右脚向正上方提起。

50. 大绳横渡救人。

准备工作：

(1) 选择两幢高度相近、间距在25～30m之间的建筑物（A、C大楼），在两幢建筑物的第2层窗口处，架设一根直径为32cm的安全绳，并将大绳收紧贴于窗框，安全绳上安装两只带有滑轮的吊钩（吊钩靠近A大楼）。

(2) 在A大楼第2层放置缆绳2根，担架1副，短绳索2根，保护绳2根（长2m，两端各设置1只安全钩），在C大楼第2层内假设被救者1名。

操作程序：

(1) 1、2、3、4号消防战斗员在A大楼第2层做好操作准备。

(2) 听到“开始”的口令，1号消防战斗员取一根安全保护绳，一端钩挂在安全带上，右手握住另一端安全钩，左手抓窗框，双脚踏上窗台，将右手握着的安全钩挂在大绳上，然后，双手紧握大绳，身体自然下垂，两手之间的距离为一肩宽，左手靠拢右手，右手再向右侧移动约一肩宽，按照此法逐渐使身体向C大楼靠拢，到达C大楼窗口时，脚踏窗台，右手抓窗框，进入楼内，取下钩挂在大绳上的安全钩。

(3) 1号消防战斗员进入窗内后，2号消防战斗员将一根抛绳的一端系在安全带上，与1号消防战斗员动作相同，横渡到C大楼，3、4号消防战斗员看见2号消防战斗员横渡到C大楼后，将2号消防战斗员留下的抛绳一端按担架长度同时拴住两只吊钩，将另一根抛绳的一端拴住靠近 A 大楼的吊钩，然后将两根短绳分别用腰结拴住担架的两端，并在短绳的中央打好结分别固定在吊钩上。

（4）1、2 号消防战斗员待担架吊装好后拉动抛绳，将担架移至 C 大楼内，将被救者抬上担架，用安全带或短绳固定被救者的胸部和膝部，举手示意并喊“好”，同时准备放松抛绳。

（5）3、4 号消防战斗员听到口令后，平稳地将担架拉至A大楼内，将被救者从窗口抬入室内，举手示意并喊“好”。

操作安全提示：

（1）大绳两端要牢固地拴扎在建筑物处，必须用紧绳器紧绳，使大绳拉直，战斗员在操作时，要戴好手套，横渡时身体要平衡，两腿随着左右手向前移动而轻轻晃动。

（2）用短绳拴住担架两端时，一定要牢固，被救者必须用安全带或短绳扎牢，担架移动时，要缓慢操作，训练时被救者可用假人代替，可使用担架进行往返救人。

51. 坐席悬垂下降。

准备工作：

（1）在训练塔第 2 层设置一个固定点。

（2）塔前地面适当位置放置垫子 1 块，塔前 1m、2m 处分别标出器材线和集合线，器材线上放置 1 根长为 50m、直径 11mm 的静力绳，半身吊带 1 套，D 形环 1 个，手套 1 副。

操作程序：

（1）1、2 号消防战斗员行至器材线处，1 号消防战斗员戴好手套，在 2 号消防战斗员的协助下佩戴好半身吊带，随后携带绳索登高至第 2 层，将绳索一端固定在固定点上，将绳索的另一端抛至地面；2 号消防战斗员握住 1 号消防战斗员抛下的绳索，做好保护准备。

(2) 听到“预备”的口令，1 号消防战斗员将绳索在 D 形环内按顺时针方向缭绕两圈，将保险锁好后，双腿并拢、微弯，双脚掌踏训练塔外墙面，左手轻轻握住 D 形环绳索上部，右手握住 D 形环绳索下部（距腰部约 1cm 处），身体移出窗口，两腿与上体大约成直角，两眼注视右下方，两腿微弯，双脚轻点墙面，做好下降准备，2 号消防战斗员在训练塔前拉好绳索进行保护。

(3) 听到“开始”的口令，1 号消防战斗员右手迅速打开制动（呈空心拳），身体重心下坠，开始下降，在距离地面约 2m 时，右手握紧绳索将绳索拉至腰后部制动，到达地面后，将绳索从 D 形环上卸下站立，举手示意并喊“好”（图 46）。

图 46　坐席悬垂下降

操作安全提示：

(1) 作业前，受训人员要戴好头盔和手套。

(2) 作业时，绳索缠绕正确，D 形环保险锁紧；出窗口后身体呈坐姿，上体要正直，双腿并拢挺直，双脚轻点墙面，放松制动下降；下降时，左手握绳与头同高，右手握绳距身体约 30cm，两手不能紧握绳索，下降中右臂向斜下方伸直，右拳呈空心拳状；着地制动时，身体距地面不能小于2m。

52. 身体倒置悬垂下降。

准备工作：

(1) 训练塔1座，塔前1m处为器材放置线，5m处为集合线。

(2) 训练塔操作楼层设置1处固定点，直径为11mm的静力绳1根，全身吊带1套，D形环2个，手套1副。

操作程序：

(1) 1、2、3、4号消防战斗员行至器材放置线处，1号消防战斗员戴好手套，2、3号消防战斗员协助1号消防战斗员佩戴好全身吊带，4号消防战斗员将两个D形环由上至下连接在1号消防战斗员全身吊带的安全环上；1、2号消防战斗员携带绳索至训练塔操作楼层，把绳索对折后的中间部分固定在固守点上，绳索的两头垂直抛向地面；3、4号消防战斗员在楼下分别接应绳索的一端，用双手握住绳索，呈空心拳状，做好操作准备。

(2) 听到“预备”的口令，1号消防战斗员将两根绳索从左右两侧接到腰际，在2号消防战斗员的协助下，将左侧的保护绳索挂于D形环内，锁好保险，同时将右侧的安全绳索按逆时针方向于D形环内缠绕2～3圈后，锁好保险，做好下降准备。

(3) 听到“开始”的口令，1号消防战斗员双手分别握紧绳索提于腰际，2号消防战斗员协助1号消防战斗员攀至窗口，1号消防战斗员两臂伸直分开成45°，手握绳索呈空心拳状，控制绳索，身体前倾与楼面约呈70°时，沿楼面向下行走，离地面约1m处时，双手握紧绳索并在胸前交叉，在3、4号消防战斗员的协助下，到达地面站立，举手示意并喊“好”（图47）。

操作安全提示：

⑴ 作业前，受训人员要戴好头盔和手套。

⑵ 绳索缠绕正确，D形环保险锁紧；身体保持平衡，收腹、挺胸抬头，腿与墙壁间夹角小于90°，自然向下走或跑；向下行走或跑的过程中，两臂向前伸直，比肩略宽；自行制动时，身体距地面不宜小于2m。

图47 身体倒置悬垂下降

53. 缓降器下降。

准备工作：

⑴ 训练塔1座，距塔基10m处标出起点线，起点线前1m处为器材线。

⑵ 在器材线上放置缓降器1只、手套1副、引绳1条、钢丝绳1条。

操作程序：

⑴ 消防战斗员在起点线一侧3m处站成一列横队。

⑵ 听到“前三名”的口令，1、2、3号消防战斗员答“到”，听到“出列”的口令，答“是”，并跑至起点线处成立正姿势。

⑶ 听到“准备器材”的口令，3号消防战斗员跑至训

练塔下负责引绳，其他战斗员检查器材，完毕后返回原位，立正站好。

（4）听到“预备——开始”的口令，1、2 号消防战斗员携带器材迅速登高至训练塔 4 楼。1 号消防战斗员在塔上选择一个牢靠的物体固定好钢丝绳。2 号消防战斗员将缓降器上的弹簧钩迅速挂在钢丝绳上固定好，把引绳一头系于 1 号消防战斗员腰带安全扣上，另一头由窗口向下抛出。1 号消防战斗员将缓降器上的安全带系于腰际，保险扣收紧于胸前，戴好手套，站立于窗台上，背向窗外，身体外倾，双手抓住窗框两侧，两手同时用力推窗框使身体离开窗台，让缓降器自行下降；离开窗台后，右手握安全带，左手握钢丝绳。3 号消防战斗员待 2 号消防战斗员将引绳抛出以后，迅速拉住绳端，等 1 号消防战斗员离开窗台缓降时，用引绳将 1 号消防战斗员身体轻轻拉离训练塔墙壁，使 1 号消防战斗员身体不与训练塔接触，直至安全着地；1 号消防战斗员着地后喊“好”。

（5）听到“收操”的口令，消防战斗员收回器材，放于原处，立正站好。

（6）听到“入列”的口令，消防战斗员答“是”，然后按出列的相反顺序入列。

操作安全提示：

（1）操作前仔细检查缓降器是否牢固。

（2）必须按训练要求着装，戴好头盔。

（3）离开窗台必须专人负责保护。

54. 软梯下攀。

准备工作：

（1）训练塔 1 座，距塔基 10m 处标出起点线，起点线前 1m 处为器材线。

（2）在器材线上放置1架软梯。

操作程序：

（1）消防战斗员在起点线一侧3m处站成一列横队。

（2）听到“前两名”的口令，1、2号消防战斗员答“到”，听到“出列”的口令，答“是”，并跑至起点线处成立正姿势。

（3）听到“准备器材”的口令，消防战斗员检查器材，完毕后返回原位，立正站好。

（4）听到“预备——开始”的口令，1、2号消防战斗员拿起软梯跑步登高至4楼，将挂钩固定在窗框上，把软梯抬起慢慢从4楼窗口抛出，等软梯另一端着地后，1号消防战斗员骑马式坐于窗口，双手握软梯，手脚交替沿梯而下，直至安全着地；2号消防战斗员以同样方式沿梯而下，着地后喊“好”。

（5）听到“收操”的口令，消防战斗员收回器材，放于原处，立正站好。

（6）听到“入列”的口令，消防战斗员答“是”，然后按出列的相反顺序入列。

操作安全提示：

（1）操作前仔细检查软梯是否安全。

（2）消防战斗员可以正面攀登，也可以利用软梯磴端侧面攀登。

（3）软梯挂钩未固定前不准操作。

（4）必须按训练要求着装，戴好头盔。

55. 八字环下降。

准备工作：

（1）在训练塔第4层设置一个固定点。

⑵ 塔前地面适当位置放置垫子一块，塔前 1m、2m 处分别标出器材线和集合线，器材线上放置一根长为 30m、直径 11mm 的静力绳，半身吊带 1 套，D 形钩 1 个，八字环 1 个，手套 1 副。

操作程序：

⑴ 消防战斗员行至器材线处，戴好手套，并佩戴好半身吊带，随后携带绳索登高至第 3 层，将绳索一端固定在固定点上，将绳索的另一端抛至地面；地面保护人员做好保护准备。

⑵ 听到“预备”的口令，第一种方法：消防战斗员将绳子从大环中穿入再反扣在大环和小环的中间连接处，小环挂在挂钩上。第二种方法：消防战斗员将绳子从大环中穿入并和小环一并挂在安全钩上。将安全钩锁好后，双腿并拢、微弯，双脚掌踏训练塔外墙面，左手轻轻握住绳索上部与头同高，右手握住绳子挂钩下部约 30cm 处，身体移出窗口，两腿与上体大约成直角，两眼注视右下方，两腿微弯，双脚分开 45° 轻点墙面，做好下降准备，保护人员在训练塔前拉好绳索进行保护。

⑶ 听到“开始下降”的口令，右手迅速打开制动（呈空心拳），身体重心下坠，开始下降，在距离地面约 2m 时，右手握紧绳索将绳索拉至腰后部制动，到达地面后，将绳索从八字环上卸下站立，举手示意并喊“好”（图 48）。

图 48　八字环下降

操作安全提示：

⑴ 作业前，受训人员要戴好头盔和手套。

⑵ 绳索缠绕正确，八字环、D形钩保险锁紧；出窗口后身体呈坐姿，上体要正直，双腿分开45°，双脚轻点墙面，放松制动下降；下降时，左手握绳与头同高，右手握绳距身体约30cm，两手不能紧握绳索，下降中右臂向斜下方伸直，右拳呈空心拳状；着地制动时，身体距地面不能小于2m。

二、常见故障判断处理

1. 消防水带故障有什么现象？故障原因有哪些？如何处理？

故障现象：

消防水带漏水，消防水带供水压力不足。

故障原因：

⑴ 水带磨损导致泄漏。

⑵ 压力过高，超压导致泄漏。

⑶ 铺设时被尖硬物刺破导致泄漏。

处理方法：

⑴ 检查泵压力，调节到规定压力。

⑵ 利用水带包布及时修补。

⑶ 利用阻流器更换水带。

⑷ 停泵立即更换水带。

2. 消防水枪故障有什么现象？故障原因有哪些？如何处理？

故障现象：

达不到水枪的有效射程，水柱压力不足，接口处出现漏水泄压现象。

故障原因：

(1) 水枪内被异物堵住，整流器堵塞、损坏。

(2) 水枪接口密封胶垫掉落、损坏。

处理方法：

(1) 清除水枪内异物，修补、更换整流器。

(2) 更换密封胶垫。

3. 分水器故障有什么现象？故障原因有哪些？如何处理？

故障现象：

分水器开关无法正常使用，无法正常与水带连接，接口处出现漏水泄压现象。

故障原因：

(1) 分水器开关处有异物、损坏、螺栓松动。

(2) 接口处密封胶垫老化、损坏。

处理方法：

(1) 清除开关处异物，拧紧螺栓。

(2) 更换开关部件。

(3) 更换接口密封胶垫。

4. 消防水带、水枪、消防接口漏水故障有什么现象？故障原因有哪些？如何处理？

故障现象：

消防水带、水枪、消防接口渗漏。

故障原因：

(1) 接口本体破损或密封件失效。

(2) 接口密封处渗漏。

处理方法：

（1）检查消防水带、水枪、接口，更换破损件。

（2）检查接口密封面和密封件，如有问题立即更换。

5. 钩梯故障有什么现象？故障原因有哪些？如何处理？

故障现象：

钩梯挂钩处无法完全打开，梯磴掉落、损坏。

故障原因：

（1）挂钩处金属部件变形。

（2）放置时间过长产生锈迹。

（3）梯磴两侧螺栓松动。

处理方法：

（1）更换挂钩。

（2）对挂钩锁止位置涂抹润滑油。

（3）更换、拧紧梯磴两侧螺栓。

6. 6m 拉梯故障有什么现象？故障原因有哪些？如何处理？

故障现象：

6m 拉梯无法完全展开、锁止；梯磴掉落、损坏。

故障原因：

（1）滑轮出现破损。

（2）制动器出现破损。

（3）梯磴两侧螺栓松动。

处理方法：

（1）更换拉梯滑轮。

（2）更换拉梯制动器。

（3）对拉梯制动器位置涂抹润滑油。

（4）更换、拧紧梯磴两侧螺栓。

7. 液压破拆工具故障有什么现象？故障原因有哪些？如何处理？

故障现象：

液压机动泵无法启动。

故障原因：

（1）油路系统损坏堵塞。

（2）电路系统松动、烧蚀。

（3）空气系统堵塞。

（4）排气系统堵塞。

处理方法：

（1）检查油箱开关是否打开，油箱是否有油；检查油路管线是否漏气、漏油；检查油路行程开关弹簧是否脱落，如有问题及时整改。

（2）检查高压线头有无松动，如有松动立即紧固。

8. 液压机动救援顶杆故障有什么现象？故障原因有哪些？如何处理？

故障现象：

液压机动救援顶杆无法正常工作。

故障原因：

（1）外表部件故障。

（2）油泵、油门故障。

（3）加油按钮、开关故障。

（4）使用强度、高低温操作故障。

处理方法：

（1）检查外表部件有无破损和异常松动零件。

（2）检查油泵、油门工作是否顺畅好用。

（3）检查加油按钮，启机、停机开关按钮是否好用。

（4）运行5min、1.3倍额定工作压力强度试验，试验后看有无泄漏和机械损坏现象。

（5）在高温55℃和低温 -30℃环境中各存放2min后，看是否能正常工作。

9. 无齿锯故障有什么现象？故障原因有哪些？如何处理？

故障现象：

无齿锯无法正常工作。

故障原因：

（1）外表部件故障。

（2）油泵、油门故障。

（3）加油按钮、开关故障。

（4）使用强度、火花塞故障。

处理方法：

（1）检查外表部件有无破损和异常松动零件，发现问题及时修复。

（2）检查油泵、油门工作是否顺畅好用，发现问题及时修复。

（3）检查加油按钮，启机、停机开关按钮是否好用，如无法继续使用及时更换。

（4）运行5min、1.3倍额定工作压力强度试验，试验后看有无泄漏和机械损坏现象，如有问题联系厂家更换部件。

（5）火花塞是否松动，是否有异物，发现问题及时修复。

10. 空气呼吸器压力不足的故障有什么现象？故障原因有哪些？如何处理？

故障现象：

（1）使用时间达不到规定要求。

（2）气瓶报警器提前报警。

故障原因：

(1) 气瓶压力达不到规定要求。

(2) 气瓶阀没有完全打开。

(3) 管路接头存在漏气。

处理方法：

(1) 检查气瓶压力，达不到25MPa时及时充气或更换气瓶。

(2) 按顺时针旋转完全打开气瓶开关，查看气瓶压力表。

(3) 检查空气呼吸器气密性，有漏气现象及时更换配件。

参考文献

［1］刘连凤，张太平．石油石化职业技能培训教程消防战斗员：上册［M］．东营：中国石油大学出版社，2019．

［2］张广智．石油石化消防指战员培训教程［M］．北京：石油工业出版社，2010．

［3］陈家强．消防灭火救援［M］．北京：中国人民公安大学出版社，2003．